油气勘探突破典型案例分析与启示

YOUQI KANTAN TUPO DIANXING ANLI
FENXI YU QISHI

孙冬胜　郭元岭　洪太元　著
石　磊　王惠勇　陈　前

内容提要

本书通过大量文献调研,系统分析了国内油气勘探重大突破的典型案例,重点阐述了勘探突破过程中引发地质认识深化、部署思路转变的初始动因,提出了9种勘探突破发现类型,指出了突破之后得以高效展开评价部署的基本做法以及突破之后导致勘探停滞的主要原因。基于案例分析,本书对"首先找到石油的地方正是在人们的脑海里"的实践意义进行了讨论。

本书通过分析大量有代表意义的勘探突破实例,尝试解读油气勘探突破发现规律,以期为新区或低勘探程度区的油气勘探工作带来有益的启示,可作为油气勘探工作者、石油地质勘探专业的科研人员及高等院校师生的参考书。

图书在版编目(CIP)数据

油气勘探突破典型案例分析与启示/孙冬胜等著. —武汉:中国地质大学出版社,2022.9
ISBN 978-7-5625-5335-9

Ⅰ.①油… Ⅱ.①孙… Ⅲ.①油气勘探-案例-中国 Ⅳ.①P618.130.8

中国版本图书馆 CIP 数据核字(2022)第 120765 号

油气勘探突破典型案例分析与启示	孙冬胜 郭元岭 洪太元	著
	石 磊 王惠勇 陈 前	

责任编辑:韩 骑	选题策划:张晓红 韩 骑	责任校对:何澍语
出版发行:中国地质大学出版社(武汉市洪山区鲁磨路388号)		邮编:430074
电 话:(027)67883511	传 真:(027)67883580	E-mail:cbb@cug.edu.cn
经 销:全国新华书店		http://cugp.cug.edu.cn
开本:787毫米×1092毫米 1/16	字数:310千字	印张:12.75
版次:2022年9月第1版	印次:2022年9月第1次印刷	
印刷:武汉中远印务有限公司		
ISBN 978-7-5625-5335-9		定价:128.00元

如有印装质量问题请与印刷厂联系调换

前 言

国内的油气勘探工作,早期采用地面地质调查结合重力、磁力、电法勘探的方式,主要钻探地面或盆地边缘浅部地层的背斜构造,初步形成了我国石油地质学专业体系,找到了多个中小型油气田。之后,油气勘探逐步走向盆地内部,利用二维地震、基准井等做法,整体认识含油气盆地构造格局及地层序列,开始有针对性地提出石油地质理论,在大型构造带上获得了大突破、大发现,带动了我国石油工业的快速发展。随着层序地层学理论、含油气系统、复杂构造带解释模型以及三维地震等理论技术的推广应用,我国逐步建立起了各具特色的油气成藏地质模式,勘探部署思路逐步由寻找构造类油气藏转变为寻找构造-岩性复合类油气藏,在不同类型盆地的海相、陆相层系中均获得了重大突破与发现,实现了油气储量的高速增长,推动了我国石油工业的高速发展。这一阶段诞生了大量值得反复研究思考的经典突破案例。

当前,国内油气勘探类型更加丰富多样,石油地质理论体系更加丰富完善,勘探工程技术手段更加成熟配套,但不同领域的勘探程度差别越来越大,地面地下双复杂地区实现勘探新突破的挑战越来越大,推动全面高质量科学勘探的需求越来越迫切。为此,本书作者通过调研近20多年来的期刊论文、学位论文等,撰写了《油气勘探突破典型案例分析与启示》。

本书共分为五章,第一章主要是基于典型案例的启发提出了对"首先找到石油的地方正是在人们的脑海里"的认识与体会,由郭元岭撰写。第二章重点解剖了国内油气勘探重大突破典型案例,试图寻找促使勘探思路转变,从而实现勘探突破的认识起源与决定性因素;第一至四节由郭元岭撰写,第五至六节由洪太元撰写,第七至九节由石磊撰写。第三章分析提出了第一口探井突破之后,能够顺利展开、实施新的突破或评价勘探的经验做法;第一节由陈前撰写,第二节由王惠勇撰写。第四章探讨了探井突破之后出现突破方向不明、钻探类型不明从而导致勘探陷入停滞的主要原因,由洪太元撰写。第五章通过典型案例,分析了工程技术在突破发现过程中的重要保障作用,由石磊撰写。全书由孙冬胜统稿、指导与审核。

本书的顺利完成,得益于所参考资料的每位作者的真知灼见和专业智慧,在此一并表示真挚的感谢!

本书的典型案例涵盖了松辽、渤海湾、四川、鄂尔多斯、准噶尔、柴达木等重点盆地,专业性强,资料翔实,行文流畅,图文并茂,可作为油气勘探工作者、相关科研人员、高等院校相关专业师生的参考书。由于作者水平有限,书中难免出现不妥之处,敬请广大读者批评指正。

笔 者

2022年4月

目 录

第一章 油气勘探的哲学基础及实践意义 ··· (1)
  第一节 对"头脑中有油"的理解 ·· (1)
  第二节 对油气分布规律的观察 ·· (5)
  第三节 油气勘探突破发现的制约因素 ·· (7)

第二章 油气勘探突破类型 ··· (12)
  第一节 基准剖面,奠基突破 ··· (12)
    案例一:四川盆地基准井计划 ·· (12)
    案例二:塔里木盆地1996年区域探井 ·· (13)
  第二节 模式类比,简单突破 ··· (14)
    案例一:罗家寨飞仙关组气藏 ·· (14)
    案例二:旅大25-A油田 ··· (18)
    案例三:永探1井火山岩碎屑岩气藏 ·· (21)
  第三节 反复类比,终获突破 ··· (24)
    案例一:垦利6-1油田 ·· (24)
    案例二:渤中28-2S油田 ··· (28)
  第四节 模式创新,转型突破 ··· (31)
    案例一:普光气田 ·· (32)
    案例二:千米桥潜山凝析油气田 ·· (37)
    案例三:古城6井奥陶系气藏 ·· (41)
  第五节 理论指导,有序突破 ··· (47)
    案例一:牛东1潜山油藏 ··· (47)
    案例二:哈东洼槽 ·· (50)
    案例三:徐深火山岩气田 ··· (52)
  第六节 攻克难点,曲折突破 ··· (55)
    案例一:五百梯石炭系气藏 ·· (55)
    案例二:柯东1凝析气藏 ··· (59)
    案例三:塔河-轮古油田 ··· (64)
    案例四:克深2气田 ··· (75)
    案例五:高探1井油藏 ·· (87)
    案例六:泌304构造油藏 ··· (97)

第七节　多层兼探,意外突破 …………………………………………………… (100)
　　案例一:东河塘油田 ……………………………………………………… (100)
　　案例二:哈得逊海相砂岩油田 …………………………………………… (102)
　　案例三:轮南中生界油气田群 …………………………………………… (108)
　　案例四:安岳沧浪铺组气藏 ……………………………………………… (112)

第八节　脑中有油,冒险突破 …………………………………………………… (113)
　　案例一:任丘古潜山油田 ………………………………………………… (113)
　　案例二:安岳气田 ………………………………………………………… (117)

第九节　线索追踪,体系突破 …………………………………………………… (122)
　　案例一:塔中 4 石炭系油田 ……………………………………………… (123)
　　案例二:秦皇岛 32-6 油田 ………………………………………………… (125)
　　案例三:曹妃甸 11-1 油田 ………………………………………………… (130)

第三章　突破之后如何高效展开 …………………………………………………… (133)

第一节　把握关键,快速展开 …………………………………………………… (133)
　　案例一:塔中Ⅰ号凝析气田 ……………………………………………… (133)
　　案例二:靖边奥陶系气田 ………………………………………………… (138)
　　案例三:元坝气田 ………………………………………………………… (145)
　　案例四:英雄岭油气区 …………………………………………………… (149)

第二节　综合研究,有序展开 …………………………………………………… (156)
　　案例一:长庆油田中生界石油勘探 ……………………………………… (157)
　　案例二:长庆油田上古生界天然气勘探 ………………………………… (162)
　　案例三:玛湖凹陷砾岩大油区 …………………………………………… (167)

第四章　突破之后为何陷入低谷 …………………………………………………… (176)

第一节　简单类比,重复部署 …………………………………………………… (176)
　　案例一:渤海海域早期构造勘探 ………………………………………… (176)
　　案例二:塔里木盆地东河砂岩追踪 ……………………………………… (177)

第二节　难题尚在,盲目钻探 …………………………………………………… (178)
　　案例一:磨溪嘉陵江组二段气田 ………………………………………… (178)
　　案例二:东风港油田 ……………………………………………………… (179)
　　案例三:南方海相复杂区 ………………………………………………… (182)

第五章　勘探工程技术的重要保障作用 …………………………………………… (185)

第一节　油气发现,地震先行 …………………………………………………… (185)
第二节　钻头不到,原油不冒 …………………………………………………… (187)
第三节　测井录井,识别油层 …………………………………………………… (188)
第四节　测试改造,解放产能 …………………………………………………… (188)

主要参考文献 …………………………………………………………………………… (190)

第一章 油气勘探的哲学基础及实践意义

第一节 对"头脑中有油"的理解

美国石油地质学家 Wallace E Pratt 在《找油的哲学》一文中,提出了石油勘探的至理名言"归根到底,首先找到石油的地方正是在人们的脑海里"。

待发现油气藏在突破与发现之前,勘探者并没有对其地质特征的完整认识。油气突破的过程,都是勘探者基于石油地质理论,基于本区少量的地质、物探资料,不断打破传统认识,修正头脑中对成藏地质条件的判断,最终构建趋近本区成藏模式的过程。因此,"头脑中有油"成为油气勘探工作的哲学基础。

头脑中有油,有助于坚定信心实现突破。只要具备大型构造背景、良好供烃条件、广泛分布的储集层"三项基本条件",具备有利的盆地类型、相似运聚条件、油气藏集群分布、油气层叠合连片、油气范围规模大"五项地质特征",发育常规油气和非常规油气"两类基本类型",按照"整体研究、整体勘探、整体控制"的"三个整体"勘探思路,遵循"识别评价、科学探索(包括重点预探)、整体部署、技术攻关、整体控制"的"五步法"勘探程序,坚持"勘探开发一体化、上产增储一体化"的评价思路与方法,勘探者就会坚定"天生盆地必有油""天生油盆必成藏"的信念,跳出单个油气藏的局限、跳出二级构造带的束缚,打破认知禁区,主动转变思路,推动油气勘探大发现(赵文智等,2004;赵政璋等,2011;杜金虎等,2013)。

头脑中有油,有助于坚持理论指导实践。只要具备生、运、聚关系,头脑中有油,勘探者就会"油""藏"并重,以石油地质基本理论尤其是油气成藏地质学为指导(赵靖舟等,2007),重点围绕生烃中心,优选源内、近源或源储对接的有利目标,首先部署实现突破。任丘潜山油田的发现,是在区域勘探的基础上,首先钻探油气运移有利指向区的凸起,认识到由于远离油源而难以成藏,继而钻探被油源包围的古近系—新近系构造带,"意外"发现了潜山油田。又如,黄河口凹陷中央构造脊渤中 28-2S 浅层中型油田的发现,是类比邻区勘探成果,认为本地区同样发育深层沙河街组油气运移的"中转站",解决了长期制约勘探的油气运移认识难题,进而指导浅层新近系的部署,获得了突破。哈得逊油田的发现井哈得 1 井并未钻遇目的层东河砂岩,但并未放弃对东河砂岩的探索,而是按照砂体的沉积规律,往沉积斜坡的低部位继续追踪,在部署钻探的哈得 4 井发现了东河砂岩,从而发现了哈得逊亿吨级海相砂岩油田。油气勘探中不存在严格的公式与法则,但要求头脑里有油气。不同空间石油资源分布的贫富相差极为悬殊(王大锐,2019),勘探程度也差别很大,但从认识的角度看,任何脱离油气源与油气运移聚集等条件,只按构造体系、沉积体系寻找有利目标的做法,都是缺乏"头脑中有油"的表现,容易导致盲目乐观,仅去寻找"大个"圈闭。

头脑中有油,有助于过程严谨、组织规范。只要具备良好的生、储、盖组合,头脑中有油,勘探者就会遵循石油地质学基本理论,遵循行之有效的勘探程序,遵循勘探规范与标准,遵循实践-认识-再实践-再认识的发现规律,解放思想与求真务实相结合,冒险精神与科学态度相结合,大胆预测与小心求证相结合,坚持"节奏可以加快,程序不可逾越"的理念,坚持实践第一的观点,逐步由感性认识上升到理性认识,指引勘探突破。严格按照勘探程序开展工作,往往会事半功倍。鄂尔多斯盆地中生界石油勘探、上古生界天然气勘探、下古生界岩溶风化壳天然气大发现,以及玛湖凹陷十亿吨砾岩岩性油藏的发现,都是立足本地区实际情况,以石油地质学基本理论为指导,创新形成了本地区的经典成藏模式,从而有效指导了勘探发现。

头脑中有油,有助于突破禁区创新思维。思路决定出路,只要目标是未知的类型,就会灵活面对复杂情况,在复杂中坚持,在坚持中创新,在创新中把握规律,借鉴任何有效的成藏模式,尊重客观事实,随机应变,善于取舍,不拘泥于传统认识,不被所谓的"禁区"所束缚(刘传虎,2011),充分挖掘资料潜力,去粗取精、去伪存真,构建本区成藏模式。库车山前带克深2气田的发现是突破了冲断带叠瓦状推覆背斜认识的"禁区",柴达木盆地英雄岭地区的发现是突破了改造型残留盆地认识的"禁区",普光气田的发现则是突破了背斜构造高点控藏认识的"禁区",千米桥潜山凝析油气田的发现是突破了奥陶系潜山高点含油认识的"禁区",徐深气田的发现是突破了断陷盆地碎屑岩构造气藏认识的"禁区",塔河-轮古油田的发现是突破了风化壳岩溶残丘高点含油认识的"禁区"。尤其是,渤海海域在1995—2000年期间相继发现了一大批石油地质储量为$(5000\sim50\,000)\times10^4$t 的油田,新增各级地质储量超过$20\times10^8$t,显然是得益于对主力勘探层系认识"禁区"的突破,由古近系转移到新近系,从而连续获得了大发现。

勘探取得突破,最根本、最首要的是勘探思维的创新和认识上的突破(龚再升,2001)。每一次油气从发现到发展的高潮,都起源于某种思路的创新。与其他工作一样,勘探的经验都是在特定的时空条件下,对实践科学总结与提炼的结果。任何勘探模式的适用性都是有条件的,不是永恒的。只有不断创新突破原有认识,才会有新发现(冯志强等,2009)。任何勘探地质新理论的诞生,都具备突破性、彻底性、实践性三大重要特征(刘传虎,2011)。因为,新理论不仅深刻地揭示了油气成藏的本质,更能有效地指导勘探实践的创新。当然,勘探理论的创新,并不意味着要否定老思路。老思路常在新条件下复活并取得成功(张抗等,1995)。

随着储层物性下限、油气生成界限、工程技术极限不断被突破,圈闭与油气藏的概念和边界也发生了变化,传统的成藏规律都存在着新的发展空间。善于突破思维定势、突破认识"禁区",意味着遇到复杂情况时,能充分展现勘探思维的灵活性;暂时失利时,不会轻易否定本区终会突破的可能性,而是循序渐进,深化评价,继续推进突破。在具备石油地质条件的地区,与其纠结有没有油气藏,倒不如反思自身认识的局限性,冲破有意或无意设置的认识"禁区"。缺乏灵活性,就会思想僵化,机械模仿,重复钻探,重复失利。

头脑中有油,有助于兼收并蓄、包容质疑。只要具备形成大油气田的条件,勘探者就会勇于承认认识上的短板,不会刻意追求成藏认知的完整性,在关键成藏要素难以准确把握时,勇冒风险,实施钻探。例如,威远气田、任丘潜山油田、东河塘油田、哈得逊油田、塔河-轮古大油气田、安岳大气田等的发现,都是在不完整认识的前提下获得的突破。栗园鼻状构造泌304油藏的发现,经历了三维纠正二维解释构造、高精度三维叠前深度偏移纠正普通三维叠前时间偏移解释构造的两次"纠偏"过程,准确落实了构造,获得突破。构造运动的多阶段性,构造运动的跨时空多变性,表现在地质体的多层次性与地质现象的模糊性,加上地下资料的不完整性,导致了地质认识的多解性(谢忠联,2005)。正确的思想只能来源于实践。任何新思路、新认识必须付诸于实践,并经过实践的检验,才有生命力。这是勘探过程中不可忽视的门槛。头脑中有油,就会对此有着清醒的认识,勇于实践、善冒风险;否则,就会固执己见,丧失博采众长、凝聚智慧的机会,延误发现。

　　头脑中有油,有助于敏锐观察、追踪线索。只要发现有利线索,就会按照构造体系、沉积体系或者运聚体系的基本认识,顺藤摸瓜,选准突破目标。罗家寨飞仙关组气藏是在类比邻区鲕滩地震"亮点"异常的基础上获得的发现。二连盆地阿南凹陷哈东洼槽的突破,则是对阿尔善组稀油显示不敏感,放弃了对线索的关注与追踪,延迟发现17年。东河塘油田的发现井东河1井主要钻探目的层是奥陶系潜山灰岩,但在录井发现侏罗系油砂后,并没有将油气显示放过,而是立即中途测试,从而发现了侏罗系油藏;在钻至石炭系生物碎屑灰岩段之后,槽面布满了油气,掩盖了下伏东河砂岩的油气显示;但在下完套管后,槽面显示依然活跃,便立即取心、及时测井、及时中途测试,从而发现了石炭系东河砂岩油层。轮南低凸起的轮南1井在钻井过程中,发现了作为库车坳陷生油层的侏罗系煤系地层,为此,及时在煤系暗色泥岩之下取心,发现了三叠系砂岩油层,从而带动了轮南低凸起中生界亿吨级油气田群的发现。任丘潜山油田的发现井任4井,受邻区冀门1井在古近系之下取心见到0.93m硅质白云岩裂缝-晶洞含油的启发,井位设计时就明确钻穿古近系后进入碳酸盐岩留足"口袋"完钻,从而突破发现了潜山油气藏,带动了区域上潜山油藏勘探的快速大发展。与之相反,渤海海域曹妃甸11-1油田的发现推迟了30多年、秦皇岛32-6油田的发现推迟了20年,都是在勘探初期寻找类似大港油田的古近系油层,没有重视在新近系获得的油气发现,没有根据实际情况及时调整勘探目的层,指导思想的僵化,错失了在早期就发现浅层新近系亿吨级大油田的时机。塔里木盆地1996年部署实施的34口区域探井,则是在缺乏思路、失去方向、没有目标的情况下,着眼全盆地、主动寻找新线索的典型实例;尽管只有3口井获得工业油气流,但却带来了1998年台盆区隆起上的海相碳酸盐岩以及库车坳陷山前带两大领域的重大突破,明确了下一步的勘探部署方向。

　　勘探充满机遇,实现勘探突破需要有敏锐的发现意识。细节决定成败,忽视任何一个稍纵即逝的微弱显示,都可能错过一次重大发现的机会。朱夏先生曾指出,"找油工作,贵在开拓。……要通过发散的思维活动,实现所谓的'智力想象',融未知于已知,化意外为意中,以形成脑海中的油田"(谢忠联,2005)。周玉琦(2007)指出,要做好勘探理论的坚定性与勘探实践的敏感性的有机结合。通过偶然找必然,透过现象抓本质,才不会放过任何新发现。缺乏对有效线索的敏感性,就会视而不见,错失发现良机。

　　头脑中有油,有助于直面挑战、攻坚克难。只要具备基本的油气地质条件,就会充满探求未知的主观动力、攻坚克难的进取精神,在突破时不会盲目乐观,在低谷期不会产生悲观情绪。尤其在突破的前夜,坚持过去,就是一片新天地;退缩回来,仍然会裹足不前。有的地区,在大油气田发现之后,在储量快速增长之前,也会经历发展信心动摇阶段。安岳大气田的发现,是在"三上龙门山、四上海棠铺,三次川中大会战"的基础上,聚焦川中大隆起,发现了绵阳-长宁裂陷槽,取得创新性认识才带动了勘探的突破。渤海海域莱北低凸起垦利6-1亿吨级油田的发现,是在经历了"四下五上"的反复勘探过程,以邻区形成的汇聚脊控藏模式为指导,才在新近系岩性圈闭中实现了突破。二连盆地阿南凹陷的哈东洼槽,则经历了"五下六上"的勘探历程,才实现了突破。库车山前带、准南山前带的突破,更是经历曲折,不断攻克深层构造解释难关,最终取得的成功。缺乏面对困难与挫折时的坚韧性,就会将突破归结为偶然、将失利归咎于客观,丧失信心,轻言放弃。

　　头脑中有油,有助于科学探索、勇冒风险。成藏地质认识不到位、工程技术能力达不到,造成主观认识与客观实际有差距,是产生油气勘探地质风险的根本原因。具体来讲,新区时深关系不准确、针对屏蔽层没有变速成图等导致构造形态描述不准,是构造认识风险的直接原因;地层追踪出现多解性导致地层预测不准,储层相变快,地震相、属性与沉积相相关性不高,是储层认识风险的直接原因;油气运移期古构造形态、油气输导断层的活动性(封闭性)研究精度不高,是含油气性认识风险的直接原因;油气充注之后,构造运动对油气藏的破坏性研究不到位,是油气藏保存认识风险的直接原因;区域盖层、局部直接盖层岩性、物性对油气的封闭能力认识不足,是盖层认识风险的直接原因。

　　新区突破,勇冒风险是必不可少的环节,但需要满足四个前提:一是本区要有已经证实的有效烃源岩,或钻井已证实有可靠的油气来源。否则,就还达不到风险探索的程度。二是本区已经开展了成藏地质综合研究,无论资料多么缺乏,也已经按照石油地质理论或参照可类比的成功案例,构建了体现本区特点的成藏地质模式,而不是只开展了单项地质条件研究。三是本区已经明确了待钻目标的突破风险点,且其他地质条件已经得到较为明确的认识。四是勘探指导思想与部署思路要充分体现灵活性、机动性,能够根据钻探发现的新情况,及时调整、快速突破,或者及时止损。

　　勘探最终的成果在于储量,勘探最大的价值在于发现。风险勘探或预探实现突破相当于"发明创造",评价勘探、提交储量则相当于"批量生产"。过于强调勘探成功率,必将束缚勘探部署的手脚。为了确保成功,必然会把勘探活动局限在已有油气发现的地区周围,不敢甩开勘探,这就是所谓的"热炕头"现象(钱基,2007),结果只能是延误更多、更大的发现。

　　勘探徘徊不前,有时并不是认识上的分歧,而是资料不足导致任何假设都缺乏足够的证据。假设难以求证,当然会陷入困境。打破僵局的唯一办法,就是大胆探索、勇冒风险。"勘探没有失败,探井没有空井"。通过风险井钻探,突破关键地质条件的认识,将会带动预探部署,推动勘探工作快速展开。

　　油气勘探的突破,有其必然性,也有偶然性。风险突破目标的作用,是以油气成藏地质理论为指导,在强化区域成藏地质条件研究的基础上,构建不同类型的成藏模式,选准突破口。通过风险井部署验证地质认识,在突破之后对储量发现的战略带动意义重大,在钻探之后对"三新(新区块、新层系、新类型)"领域成藏认识的提升意义重大。

　　重视风险探索,重点是要通过盆地评价培育突破区带,通过区带评价培育突破圈闭,通过圈闭评价培育突破目标。减少风险的办法,一是有成藏模式而不唯模式,做好理论与本区实际的结合,抓准本地区的关键点;二是针对所描述的目标,做到遵照程序、优中选优、循序渐进;三是坚持有目的层而不唯目的层,多层兼探,立体勘探。

松辽盆地、四川盆地部署实施的基准井,就是风险勘探实现重大突破的典型实例。2005—2009年,中国石油天然气集团有限公司(简称"中国石油")实施规模化风险勘探,开辟了8个亿吨级勘探新区,新发现3个千万吨至亿吨级勘探区带,发挥了积极的带动作用(杜金虎等,2011)。2019年,安岳地区的角探1井在主探灯影组的同时,兼探发现了下寒武统沧浪铺组白云岩气层,从而实现了四川盆地沧浪铺组首次战略突破。

第二节 对油气分布规律的观察

具有生排烃能力的沉积盆地,必然有油气藏。沉积盆地要成为含油气盆地,必须要发育有效的烃源岩。烃源岩既有生烃能力,又有排烃能力,盆地中发育常规油气藏就有了物质基础。烃源岩与常规油气藏属于典型的因果关系。源内成藏主要是自生自储,近源成藏主要有下生上储、旁生侧储、上生下储等源藏关系。源外成藏则需要通过输导断层、不整合面之下的风化输导层、连片分布的储集体以及地层中的微裂隙等运移通道,直接运移或接力运移,甚至是油气藏遭受破坏之后的再次运移与分配等。对于发育多套构造层系、存在多个原型盆地的叠合盆地,油气的生成、运移、裂解以及烃源岩的二次生烃等过程非常复杂,尤其是古老海相层系烃源岩生成油气的后期演化过程更为复杂,有的时候不适合用烃源岩与油气藏的对应关系直接指导勘探部署。无论是哪种类型的含油气盆地,只要明确了油气来源,不论是烃源岩还是遭受破坏的古油气藏,再研究源储对接关系、油气输导体系、有效储集体与圈闭类型及分布,就能很快建立起本地区的油气成藏规律性认识。这一认识过程中,只要针对关键成藏要素取得了突破性认识,或者为了获得关键要素的突破性认识而勇冒风险,就有可能实现油气勘探的突破与发现。找不到油气藏,往往不是没有油气藏,而是认识与能力还不足以发现油气藏的存身之处。

大盆地有大油气田,源岩越发育油气越富集。世界上的油气分布极不均匀,少数大盆地聚集了绝大多数油气,大盆地往往发育大油田,富油凹陷中一定能找到与资源潜力相匹配的油气田(图1-1)。

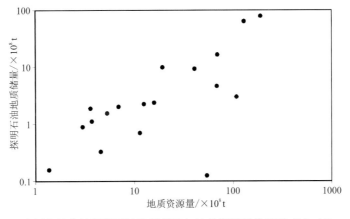

图1-1 中国含油盆地探明石油地质储量与地质资源量关系图(据郭元岭,2010)

渤海湾、松辽等盆地之所以被称为"超级盆地",东营、沾化、饶阳、辽西等凹陷之所以被称为富油凹陷,主要是因为发育厚度大、分布广、质量高的烃源岩,在地质历史时期生成过大量的石油和天然气,并在超大规模的储集体中进行聚集,形成了超级油气富集区。东部断陷盆地最大湖盆扩张期沉积厚层深湖—半深湖相暗色泥岩,是重要的烃源岩。如渤海湾盆地歧口凹陷沙河街组三段深灰色泥岩厚度超过150m,有机质类型以Ⅰ~Ⅱ$_1$型为主;东营凹陷沙河街组四段上部咸化湖盆半深湖—深湖相暗色泥岩最大厚度可达300m以上,沙河街组三段下部淡水湖泊烃源岩厚度则可达1000m以上,有机碳含量最大可达18.6%。鄂尔多斯盆地上三叠统延长组七段的深湖—半深湖相暗色泥岩烃源岩面积达$8.5 \times 10^4 km^2$,占同期湖盆面积的60%。松辽盆地主力烃源岩青山口组一段暗色泥岩,在中央坳陷区几乎全区分布,烃源岩厚60~80m,有效烃源岩面积达$6.5 \times 10^4 km^2$,占湖盆总面积的53%。库车坳陷侏罗系、三叠系烃源岩厚100~800m,有效烃源岩面积达$1.6 \times 10^4 km^2$,占同期湖盆面积的53%。由此可见,广泛分布的优质烃源岩,可以为与之沟通的各类储集体提供充足的油源(赵文智等,2004)。在油气源充足的地区,只要有储层,就会有油藏,油气不在构造圈闭中,就在岩性、地层圈闭中。每一个油气富集区都是效率很高的成藏系统,且油气藏往往是成带成片分布,如松辽盆地的大庆长垣、塔里木盆地的塔北隆起、四川盆地的磨溪-高石梯构造、鄂尔多斯盆地的腹部地区,都形成了超大规模的油气富集区。

构造格局与演化决定了盆地成藏类型及分布。坳陷型盆地,构造格局简单,容易发育大型背斜构造油气藏,如松辽盆地。断陷型盆地,构造带类型多样,复杂构造带多发育断块油气藏,斜坡带多发育断块岩性油气藏,洼陷带多发育岩性油气藏,盆缘超剥带则多发育地层油气藏,凹中隆的凸起多发育潜山油气藏及披覆背斜油气藏,如渤海湾、苏北盆地。前陆盆地,山前冲断带逆冲推覆在生烃凹陷之上,只要保存条件有利,容易发育叠瓦状逆冲背斜油气藏,如库车坳陷。改造型残留盆地,近生烃中心的大型构造容易形成复杂油气藏,如柴达木盆地英雄岭构造。在四川盆地,由于绵阳-长宁拉张槽的存在,在拉张槽右侧发育了南北走向的大型礁滩相优质储层,从而发育了南北向的大型构造-岩性天然气富集区,形成了安岳大气区;由于开江-梁平裂陷槽的存在,在南北两侧的台地边缘,发育了近南东走向的大型礁滩相优质储层,从而形成了近南东走向的构造-岩性天然气富集区,形成了普光、元坝、龙岗等大气田。

构造储层相匹配决定了区带成藏类型及分布。储层发育、物性较好且构造发育的区带,有利于形成大型构造油气藏。位于东营凹陷北部陡坡带边界断层下降盘的胜坨滚动背斜,与沙河街组二段三角洲前缘厚层砂体相匹配,形成了探明石油地质储量超$5 \times 10^8 t$的胜坨油田。沾化凹陷孤岛凸起与披覆叠置的新近系河流相砂体相匹配,形成了探明地质储量超$4 \times 10^8 t$的孤岛油田。塔北隆起与奥陶系准层状潜山岩溶储层相匹配,形成了探明地质储量超$10 \times 10^8 t$的塔河-轮古油田。磨溪-高石梯继承性古隆起与震旦系—寒武系大型礁滩相白云岩缝洞型储集体相匹配,形成了探明地质储量超万亿立方米的安岳气田。储层发育、构造不发育的区带,有利于形成大面积分布的岩性油气藏。玛湖凹陷自斜坡区到凹陷平台区,在大面积分布的以三叠系百口泉组为主的退积型扇三角洲砂砾岩体中形成了$10 \times 10^8 t$级的玛湖大油区。在鄂尔多斯盆地中部,大面积分布的石炭系—二叠系河流相砂体叠置区,发育了探明地质储量超 20 000×10^{8}m^3 的苏里格气田；大面积分布的三叠系三角洲分流河道砂体，发育了探明地质储量超 5×10^{8}t 的安塞油田。储层不发育，或储层横向变化快，或物性较差且非均质性强的区带，则可能形成若干"碎片化"油气藏，如车镇凹陷南部斜坡带、金湖凹陷西部斜坡带等。

源内、近源与运移路径上的圈闭，优先成藏。冀中坳陷饶阳凹陷中被古近系沙河街组三段油源包围，发育了任丘潜山；霸县凹陷深部被沙河街组四段—孔店组油源包围，发育了牛东 1 蓟县系超深高温潜山。松辽盆地断陷层下白垩统湖相泥岩和煤系烃源岩与层系内部的火山岩储层，纵向上间互、空间上交错，形成了复杂的生、储、盖组合，发育了大型的徐深气田。四川盆地绵阳-长宁拉张槽内的下寒武统烃源岩与上震旦统大型礁滩相储集体侧向对接，发育了安岳气田。库车山前带克深 2 号构造位于拜城凹陷生烃中心之上，昆仑山前带柯东构造带 1 号构造邻近喀什凹陷二叠系生烃中心之上，准南山前带高探 1 井逆冲背斜构造紧邻四棵树生烃凹陷，油气通过逆冲断层往上运移，均在逆冲背斜构造中富集成藏。

油气长期运移指向区，有利于油气聚集富集。渤海海域莱北低凸起的油气汇聚脊上发育了垦利 6-1 新近系大型岩性油藏。垦岛低凸起四周被黄河口凹陷、渤中凹陷、垦北凹陷、孤北洼陷等油源区所环绕，发育了新近系、古近系、中生界、古生界等多套含油层系并存的垦岛大油田。孤岛低凸起被渤南洼陷、孤北洼陷、孤南洼陷三面环绕供油，形成了大型的孤岛潜山披覆油田。徐深气田所在的徐中隆起，两侧分别被徐西凹陷、徐东凹陷包围，聚集发育了大型的火山岩气藏。沙雅隆起上的阿克库勒凸起被哈拉哈塘、满加尔、草湖三大生烃凹陷环绕，聚集形成了我国最大的特大型油气田塔河-轮古油气田。对于库车坳陷山前冲断带、准南山前冲断带、塔西南坳陷昆仑山前冲断带，逆冲大断层沟通了深部的烃源岩，均发育了大中型高产油气藏。普光、元坝、龙岗二叠系、三叠系礁滩相气田的形成，主要得益于储集体侧向的开江-梁平海槽内二叠系深水陆棚相烃源岩的持续供烃；安岳震旦寒武系礁滩相气田的形成，主要得益于西侧绵阳-长宁拉张槽内下寒武统深水陆棚相烃源岩的持续供烃。柴达木盆地西部的英雄岭构造带处于生油凹陷之中，构造带深层同样为生油层系，油气源条件非常有利，在深层古近系和浅层新近系均发育了大中型的油气藏。

第三节 油气勘探突破发现的制约因素

油气越富集，突破越快。油气的贫与富关键取决于烃源条件，生烃强度越高，油气往往越富集。富油气的盆地，油气分布往往具有广泛性。统计表明，在东部陆相断陷盆地，资源丰度越高，初期勘探突破速度越快（图 1-2）。在勘探初期，主观认识往往会拉高或降低排烃系数与运聚系数的取值，造成资源评价结果的大幅度失真。例如，在邻区勘探形势一片大好时，往往会被乐观情绪所左右，对本地区给出偏大的资源量。如果早期发现的目标偏小，或者一旦勘探失利或连续失利，就会降低资源潜力的评价水平，影响对本地区真实情况的判断。因此，在勘探程度较低的情况下，需要在资源条件认识的基础上，通过对成藏地质条件进行综合研究、对有利目标进行识别描述、对待钻目标进行风险评价，综合判断勘探潜力。

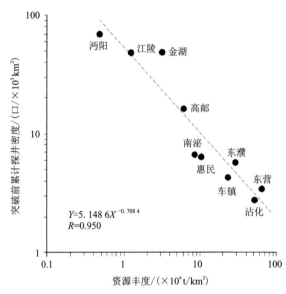

图 1-2　资源丰度与勘探突破之前累计探井密度关系图(据郭元岭,2010)

认识越准确,突破越快。石油地质理论来源于勘探实践并被大量勘探成功与失利的案例所验证,具有系统化、逻辑化的知识体系,能形成逻辑性推理的工作方式,能总结出规律性表达的油气成藏模式,能客观地展示油气分布规律与富集特征。任何油气成藏模式,都有其样本的局限性和认知阶段的局限性。但有时,会过高地信任理论的指导作用,而轻易地放松对目标的严格论证,或者以区域成藏认识代替对具体目标的个性化地质认识,往往以"眼见为实"的思维定式,形成对目标认识的障碍,对知之甚少的领域自我设置禁区。突破旧认识,构建新的成藏模式,能够快速发现新的油气田。旅大 25-A 油田的发现就是突破了传统的伸展构造解释模式,采用伸展-走滑断裂解释思路,描述出新的构造圈闭类型,从而实现了突破。普光气田的发现,则是突破了传统的构造控藏模式,创建了海相复杂构造区"叠合复合控藏"模式,发现了台缘礁滩相岩性储集体,从而实现了钻探突破。任丘潜山油田的发现,是已经认识到存在被油源包围的构造带,只要发育有效储层,就能突破。牛东 1 潜山的发现,是发现了深层油气源,钻探洼中隆,获得了突破。徐深气田的发现,是认识到断陷层发育火山岩有利储层,钻探深大断裂沟通的"凹中隆"之上的火山岩体,获得了突破。千米桥潜山凝析油气田的发现,是突破了潜山高点含油的传统认识,创新形成了古潜山内幕地层高点处于现今构造斜坡区的新认识,从而实现了钻探突破。徐家围子断陷徐深气田的发现,是突破了碎屑岩构造气藏的传统认识,转而寻找紧邻生烃断槽的断裂构造带之上的"凹中隆"火山岩体,从而实现了突破。塔河-轮古大油田的发现,是突破了岩溶风化壳残丘潜山高部位含油的传统认识,创新形成了准层状岩溶缝洞型潜山成藏模式,纵横向勘探范围得到大面积拓展,从而发现了特大型油气田。昆仑山前逆冲构造带柯东 1 井凝析气藏的发现,是将白垩系—古近系储盖组合、优选前陆冲断带作为重点勘探方向,地震攻关落实深层构造、优选近源目标,获得了突破。库车山前带克拉苏逆冲断裂构造带克深 2 气田的发现,是通过持续攻关,攻克了盐下逆冲构造解释这一关键难题,落实了盐下深层背斜构造形态,获得了突破。五百梯石炭系气藏的发现,是在邻区钻遇石炭系白云岩孔隙型储层之后,采用高陡构造 F-K 地震偏移技术,落实了构造形态,从而获得突破。普光气田的发现,是突破了传统的背斜构造勘探思路,创新建立了台缘礁滩相优质储层沉积发育模式、海相复杂构造区"叠合复合控藏"油气成藏模式等理论认识,转而寻找构造-岩性复合圈闭,在构造较低部位实施钻探,从而实现了钻探突破。安岳气田的发现,是突破了古隆起构造控藏的传统认识,创新形成了震旦系—寒武系绵阳-长宁拉张槽台缘礁滩相优质储层发育模式与槽生台储成藏模式,实现了由隆起区寻找构造气藏到台缘带寻找构造-岩性气藏的战略性转变,从而发现了万亿立方米大气区。川西永探 1 井火山碎屑岩气藏的发现,是在邻区钻井证实地震异常反射为火山碎屑岩之后,钻探高部位火山岩圈闭,获得了突破。玛湖凹陷 10×10^8 t 大油区勘探,是在没有现成的成藏模式指导下,勇于实践,从断裂带走向斜坡区再走向凹陷区,从寻找构造油气藏转向寻找地层-岩性油气藏,从单个扇体油藏转到扇控大面积含油成藏,创新形成了大型浅水扇三角洲模式和源上砾岩大油区成藏理论,指导发现了 10×10^8 t 大油区。靖边奥陶系岩溶气田,根据煤成气与古岩溶理论,明确了奥陶系岩溶储层与石炭系煤系烃源岩的源储关系,实现了突破发现;进而通过区域评价,建立了本地区的岩溶古地貌控藏模式,以此为指导,向外拓展,快速探明了靖边气田、扩大了含气范围。长庆油田中生界石油勘探历程,先后创新形成了古河道-古高地的古地貌控藏、内陆湖盆河流三角洲成藏、西南部辫状河三角洲成藏、三叠系多层系复合成藏等石油地质理论模式,有效指导了侏罗系、三叠系石油勘探,发现了安塞、西峰油田及姬源、华庆等大油田。同样的做法,鄂尔多斯盆地天然气勘探发现过程,先后提出了"广覆式生烃、大面积供气"、三角洲平原相天然气成藏模式、上古生界大面积砂岩岩性气藏成藏理论等认识,指导发现了榆林-子洲、苏里格等大气田。英雄岭构造带在恢复柴达木原型盆地的基础上,构建源上晚期油气成藏模式,指导发现了英东油田;构建咸化湖相碳酸盐岩油气成藏模式,指导发现了英西、英中油田。

思路越科学,突破越快。勘探思路的形成,取决于对油气成藏地质条件的正确认识。当头脑中的成藏模式与地下实际情况较为接近时,突破就快,反之就慢。用其他地区建立的成藏理论,指导本地区的勘探部署,有时会走入死胡同。邻区的新发现常常会将本地区的注意力吸引到与邻区相同的层系、相同的类型上,从而忽略了本地区其他层系和新的类型,没有抓住本地区的主要矛盾和特征,往往会延缓突破。渤海海域在 1995 年之前的 30 年里,根据环海陆区的勘探成果,将古近系作为主要目的层,仅发现了绥中 36-1 大油田;在逐渐认识到新构造运动对渤海海域油气成藏的重要控制作用之后,转而将新近系作为主要目的层,自 1995 年开始,在短短 5 年时间内,就发现了多个亿吨级大油田。黄骅坳陷千米桥潜山油气田的发现,起初参照任丘潜山的模式,钻探潜山构造高点,并未发现油气;之后,加强三维构造解析,认识到潜山地层高点并不处于现在的高凸起上,而是处于现今构造的斜坡区,方向的转移实现了突破。普光地区二叠系—三叠系礁滩相气田的发现,则是在早期勘探北东向逆冲构造长期未果的情况下,转变思路,按照南东向礁滩体分布规律进行部署,实现的突破。哈得逊油田的首钻井哈得 1 井并未钻遇目的层东河砂岩,但按照砂体的沉积规律,继续往沉积斜坡的低部位追踪,部署钻探的第 2 口井哈得 4 井就发现了东河砂岩,从而发现了哈得逊亿吨级海相砂岩油田。

目标越简单，突破越快。同等条件下，简单的目标会被优先选择。盆地勘探初期，一般会在盆缘浅部层系或盆地中央部位寻找容易识别的背斜构造。大庆长垣的优先钻探、准噶尔盆地克拉玛依-夏子街百里油区的勘探成果、济阳坳陷东营凹陷中央背斜带华8井的率先突破、四川盆地威远气田的突破发现等，都是典型的实例。勘探目标越复杂，突破过程中的挑战越大。尽管挑战会激发探索的动力，但目标的复杂程度，仍然会制约突破的速度。库车前陆冲断带克深2盐下大气田的发现，就是在1998年发现了盐下克拉2气田的基础上，由于深部挤压推覆构造的复杂性，缺乏针对性的构造解释模型，加之地震分辨率不高，深部构造反射不清晰，几经攻关，直到2007年才实现了克深2井的突破。同样，准噶尔盆地南缘山前冲断带高陡构造的勘探，也是在早期已经发现了独山子、齐古、呼图壁、卡因迪克、霍尔果斯、玛河等油气田或油气藏的基础上，自2008年起，历经11年，才再次获得高探1井的突破。

　　邻区越相似，突破越快。世界上没有完全相同的两个盆地，也没有完全相同的两个油气藏。邻区钻探成功的油气藏类型，不一定就完全符合对本区的认识。邻区钻探失利的目标，也不一定就对本区的认识没启发。只有基于本区地质条件，突出待选目标特殊性的认识，突破传统认识的束缚，突破无关信息的羁绊，在实践中探寻本地区的规律性认识，才会快速地完善客观认识，选准突破目标。有理论而不唯理论，既体现了勘探工作的严谨性，又体现了勘探思维的灵活性，才会遵循普遍理论指导勘探实践，快速把握本区的成藏本质特征。油气能成藏，必然是生、储、盖、运、圈、保各项地质条件均有效。未能成藏，至少是其中一项无效。圈闭评价中，各项成藏地质条件的赋值与综合排序，即成藏概率，反映的是所有圈闭目标共性特征的优劣。但真正决定目标优选结果的，是对关键要素的把握，即目标的个性化特征。如果存在3个及以上地质条件把握不准，目标失利的可能性会非常高。如果存在2个地质条件认识不清，可将目标作为储备圈闭，待邻区获得相应认识时，再行评价，重新优选。如果只存在1项地质条件难以落实，这就是目标突破的关键要素。在区域条件非常有利，且当前的资料程度、技术能力难以提升对该关键要素的认识水平时，就应当勇冒风险、敢于探索。未实现勘探突破的地区，由于勘探程度低，资料较少，未知的地质条件较多，在把握性不大的情况下，往往会难以下决心部署钻探。而一旦邻区相同类型的领域实现了勘探突破，解决了关键的地质认识问题，则会快速拉动本区的勘探发现。由于难以判断川西坳陷东南部二叠系地震异常反射是火山岩还是礁滩体，长期以来未部署探井。永胜1井钻探证实丘状杂乱反射为二叠系火成岩之后，中国石油在永胜1井的构造高部位快速部署了永探1井，钻遇喷溢相火山碎屑岩气藏，实现了四川盆地火山岩气藏勘探的重大突破。古城低凸起古城6井奥陶系气藏的发现，是在探索海相砂岩、台缘礁滩体之后，根据邻区钻探成果，认识到发育奥陶系层间岩溶储层，从而获得了突破。从富满油田的发现过程看，尽管在2010年以来，已经在塔北隆起南坡与北部坳陷之间的阿满（顺北）过渡带发现了广泛分布的大型走滑断裂带，但直到顺北1-1井在走滑断裂带获得高产油气流，才在2020年钻探的满深1井中获得突破，不到2年时间里在约$2\times10^4 km^2$勘探范围内，快速发现了$10\times10^8 t$级储量规模的超深层断控特大型油气区。

　　技术越适应，突破越快。地震、钻井、试油等工程技术是实现勘探突破的必要手段和保障。由于地面地下地质条件的差异性，不同地区、不同勘探对象面临不同的技术瓶颈。相较而言，技术适应性更甚于技术的先进性。技术不适用、应用不到位，都可能与突破失之交臂。

库车前陆盆地克深地区的天然气领域,由于山地、砾岩、膏盐以及高温高压等复杂条件,致使圈闭高点难落实、钻井事故多,地震、钻井成为勘探突破的瓶颈技术。1998年发现克拉2大气田,继续钻探与克拉2处于同一排构造带、同样目的层的目标,结果全军覆没。直到2006年,地震采集、处理、解释的一体化平行攻关,突破了关键技术,提高了成像精度,并采用双滑脱多级冲断构造模型进行综合解释,基本落实了深层构造圈闭,2007年部署了克深2井、克深5井,获得了重大突破。牛东潜山也是攻克物探技术瓶颈,最终获得突破的经典实例。早期的重力资料就显示有牛东潜山,但因地震资料品质差,早期完钻的3口井全部失利。通过三维地震二次采集、强化深度偏移处理技术攻关,落实潜山形态,2011年部署钻探的牛东1井获得重大突破(杜金虎等,2013)。

第二章　油气勘探突破类型

截至2020年底,我国已发现781个油田、286个气田,合计油气田总数1067个。每个油气田的勘探突破与发现,都是在资料较少、地质条件认识较少的情况下取得的重要勘探成果,都相当于一次新的"发明创造"。每个新领域或每种新的油气藏类型的勘探突破与发现,必然蕴含着石油地质认识的突破与飞跃。在若干个突破成果之间,必然存在着勘探发现的普遍规律。掌握这种规律,就会加快突破进程。而认识这种规律,则需要从大量典型案例"认识创新→思路转变→目标优选→勘探突破"的勘探历程中寻找突破与发现的共同点。

第一节　基准剖面,奠基突破

盆地勘探之初,有计划地钻探一批基准井,并与地震剖面相结合开展综合评价,是开展区域勘探、实施重点突破的有效方法。

案例一:四川盆地基准井计划

在四川盆地早期勘探阶段,油气勘探思路是典型的"溜边转,找鸡蛋,见了油苗就打钻",即在盆地边缘山前地带进行地质调查,寻找地表构造进行测量制图,在构造高点打钻。抓住一个油气显示层位,就找到一批类似油气藏。由于勘探技术比较落后,主要做法有:①依靠盆地边缘地质调查,发现地面构造;②以油气苗、油气显示层位,确定目的层;③背斜高点打钻找油气。

20世纪50年代,在四川盆地西缘,以地质调查为主,追踪油苗、寻找地面背斜构造的山前带油气勘探,以"三上龙门山"未获突破而停止。

1956年1月,全国石油勘探会议提出,四川盆地要加强地台区勘探。为此,勘探区域从龙门山地槽区转移到川中地台区,优选蓬莱镇构造、威远构造,分别部署了蓬基井、威基井2口基准井(图2-1)。

威远地区于1938年开始地质调查。1941年2月,威1井在栖霞组见到微量天然气。

1954—1957年,相继钻探了川西北的三大湾、白马关、厚坝构造,川南的石油沟、东溪、威远、黄瓜山、高木顶等构造,证实了三叠系嘉陵江组是川南的区域性产气层。

1956年3月,在蓬莱镇构造上开钻蓬基井。1958年1月,蓬基井钻至上三叠统须家河组,因出大水而停钻。

1956年5月,在威远构造顶部威1井附近的曹家坝高点部署了威基井,钻探目的是"为取

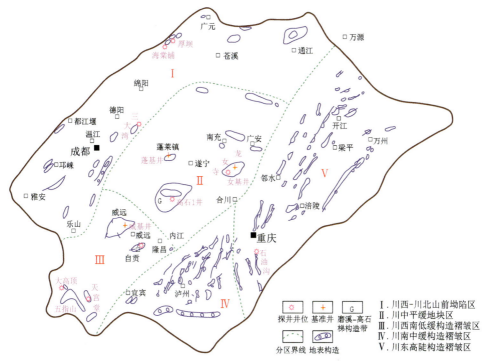

图 2-1　四川盆地基准井分布图(据罗志立等,2012)

得四川盆地古生界及元古宇含油气资料及基底起伏情况,从而对四川盆地含油气远景进行评估,指出勘探方向"。

1958 年,威基井钻至中寒武统洪椿坪组,井深 2 438.6m,因钻机超负荷运转而停钻。

1964 年 10 月,威基井加深钻探,钻至 2 859.39m 发生井漏,在井深 2 852.7~2 859.39m 震旦系顶部,漏失钻井液 44m³。现场测试获天然气 $14.46×10^4 m^3/d$,水 $373.3m^3/d$,从而发现了中国第一个整装海相大气田——威远气田,含气面积 $216km^2$,探明储量 $400×10^8 m^3$。

1976 年,在乐山-龙女寺大型继承性古隆起东部钻探了女基井,目的是了解地层剖面和含油气情况。女基井在灯影组 5206~5248m 井段,测试获得天然气 $3.5×10^4 m^3/d$,水 $4.69m^3/d$。尽管女基井不具开发价值而失利,但取得了从侏罗系至基岩的完整地层剖面,并发现了震旦系、寒武系、奥陶系、二叠系 4 个含气层位,为四川盆地油气勘探提供了依据。

川中地台的基准井计划,发现了威远气田,实现了从龙门山前带到川中古隆起的战略转移,为四川盆地油气勘探的逐步展开奠定了基础。

案例二:塔里木盆地 1996 年区域探井

塔中 4 油田和牙哈油气田发现之后,到 1995 年,塔中地区未钻探的石炭系东河砂岩低幅度构造已经所剩无几,塔北古近系—新近系的两排断背斜构造也都被钻探完。

因为没有新思路,塔里木盆地的油气勘探出现了两年低谷时期。期间共完钻预探井 39 口,只有 10 口获工业油气流。有的探区交不了探明储量,有的探区含油气构造较小,储量只有几百万吨。

两年低谷时期,塔中地区曾经将目的层转向志留系和中—上奥陶统砂岩,塔北地区也曾转向三叠系、侏罗系。但终因物性太差,或构造幅度很小,或埋藏深度太大等,只发现了几个小油气藏,收效甚微。

1996年,为了跳出塔北、塔中两个已知含油气区,寻找新的含油气构造带,勘探人员在塔里木盆地近 $40×10^4 km^2$ 范围内,遍及三大隆起、四个坳陷,全面展开,部署了34口区域探井。尽管只有3口井出油,但是大大加深了对盆地的油气地质认识,例如:

(1)在盆地中、西部,发现了中—上奥陶统和下寒武统两套优质生油气层。

(2)在巴楚隆起、塘古孜巴斯凹陷、塔北牙哈潜山,都发现了寒武系—奥陶系海相碳酸盐岩优质储层。

(3)发现了中—上寒武统、上石炭统、古近系3套膏盐岩层优质区域盖层。

(4)在库车坳陷古近系—新近系浅层,发现了大宛齐小油藏,油源来自深部三叠系—侏罗系烃源岩。

(5)坳陷中的探井几乎未见任何显示。

为此,塔里木盆地勘探人员在1996年底的勘探技术座谈会上达成了共识:在平面上,台盆区的油气集中在三大隆起;在剖面上,应当逼近主力油气源层,在台盆区寒武系—奥陶系碳酸盐岩、前陆区侏罗系—三叠系中寻找大型原生油气藏。

1997年,台盆区勘探目的层重新转向奥陶系,前陆区则转向侏罗系、三叠系。部署的探井集中在巴楚、塔中、塔北三大隆起以及库车坳陷克拉苏-依奇克里克构造带。

到1998年一季度,共完钻探井42口。其中,台盆区完钻36口,台盆区奥陶系16口,占44.4%;获工业油气流19口,探井成功率45.2%。4个构造带取得了两大突破,上报预测地质储量 $2.6×10^8 t$,从而走出了两年来的勘探低谷。

一是台盆区三大隆起奥陶系碳酸盐岩取得突破:巴楚隆起南侧玛扎塔克构造带玛4井获高产气流,探明天然气地质储量 $620×10^8 m^3$。塔中北坡Ⅰ号断裂带4口探井获高产油气流,控制了东西长160km的奥陶系含油气带。塔北隆起轮南潜山3口水平井、大斜度井在奥陶系风化壳获高产油气流,控制了近 $400km^2$ 的有利范围。

二是库车坳陷克拉苏-依奇克里克构造带取得突破:克拉2、克拉3井在古近系和白垩系砂层中获高产气流,分别获天然气 $27.7×10^4 m^3/d$ 和 $35.2×10^4 m^3/d$。伊奇克里克断层下盘侏罗系底砂岩获高产气流,获天然气 $22.1×10^4 m^3/d$(梁狄刚,1998)。

第二节 模式类比,简单突破

油气深埋于地下,钻探之前,总会对某些地质条件认识不清,这些地质条件,恰恰是制约本地区勘探能否突破的关键。类比邻区已经成功的成藏模式,直接指导本地区的突破,不失为高效简捷的勘探方式。

案例一:罗家寨飞仙关组气藏

罗家寨气田飞仙关组高产气藏的发现,是在川东北地区勘探构造气藏阶段,在北邻的渡口河潜伏构造发现了下三叠统飞仙关组鲕滩气藏,对比发现,罗家寨构造的二维地震剖面上同样发育"惊人相似"的强烈"亮点"异常,从而部署钻探,获得了突破。

罗家寨气田,位于四川盆地东北部五宝场坳陷南侧温泉井构造带北翼断层下盘,是北东东走向的狭长潜伏背斜-断层复合构造(图2-2、图2-3)。构造南边界为罗Ⅰ断层,北部气藏边界为罗Ⅱ断层及构造等高线。西端以正鞍状形式与西邻的黄龙场背斜相隔。圈闭东西长27.2km,南北宽3.2km,自西向东发育了高桥、罗家寨、上八庙3个串珠状构造高点。

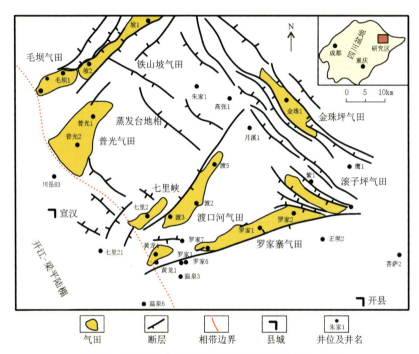

图2-2 川东北飞仙关组气田分布图(据张水昌等,2007)

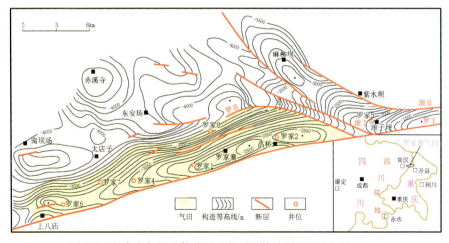

图2-3 罗家寨气田飞仙关组三段顶界构造图(据冉隆辉等,2005)

早—中三叠世时期,四川盆地处于扬子海域逐步向西撤退、由海变陆的过渡沉积环境中。

二叠纪以来的正常海,逐步变迁为早—中三叠世的非正常海,发育了大量膏、盐沉积。

下三叠统飞仙关时期,北部秦岭洋伸入四川东部的鄂西及开江—梁平一带,发育盆地相沉积;川东、川中为开阔海台地。在川东北形成了开江-梁平海槽,海槽边缘发育碳酸盐岩蒸发台地,形成了粒屑灰岩、鲕粒白云岩、鲕粒灰岩、石膏和灰质泥岩等的岩石组合。其中,更容易发育粗结构颗粒的岩石,形成了边缘鲕粒坝。经大气淡水掺合,充分结晶,形成了鲕粒白云岩,原生孔隙、溶蚀孔洞、各种裂缝及喉道发育。

罗家寨气田及相邻的渡口河、铁山坡等气田飞仙关组鲕粒滩储层,均分布在开江—梁平深水弱动力沉积相向蒸发台地相过渡的两侧鲕粒坝沉积区。其中,罗家寨气田下三叠统飞仙关组地层厚度约300m,飞仙关组一段至三段储层厚度为5.25~85.05m,孔隙度为2.86%~9.32%。罗家1、罗家2、罗家6井近井区储层渗透率为$(13.04~118)×10^{-3}\mu m^2$(图2-4)。

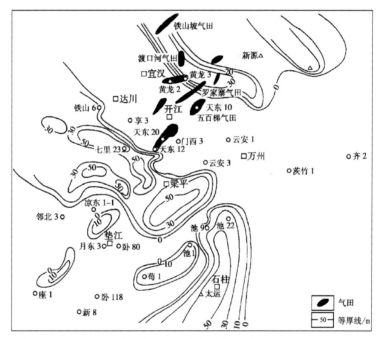

图2-4　川东下三叠统飞仙关组二段鲕粒灰岩等厚图(据邱中建等,2002)

上覆的飞仙关组四段、嘉陵江组膏盐与须家河组、沙溪庙组泥质岩为良好的盖层。

罗家寨飞仙关组三段构造具有统一的气水界面,海拔为-3720m,气水界面低于圈闭最低海拔-3500m,表明为连通性的岩性体控藏(图2-5),属于高产、高丰度、整装海相碳酸盐岩气藏。

罗家寨气田的发现,经历了2个阶段(胡罡,2004;冉隆辉等,2005)。

1. 1957—1995年,地面地震勘查,发现了罗家寨构造

1957年,石油工业部四川石油勘探局对罗家寨气田所在的温泉井构造带开展地面地质普查。

1960年,对罗家寨气田所在的五宝场坳陷进行了区域地质详查。

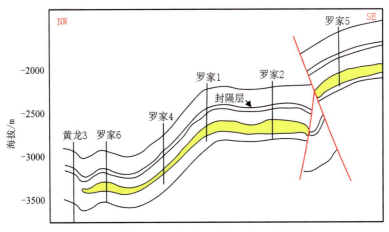

图 2-5 罗家寨气田过罗家 6 井—罗家 5 井近南东向气藏剖面(据胡峰,2015)

1971 年,开展地震勘探,发现了温泉井主体构造。

1977 年,在大盛场-大方寺向斜进行连片地震详查,发现了西南端的黄龙场潜伏构造。

1984—1995 年,以石炭系、二叠系为目的层,为了查明该构造带的形态及断层关系,在温泉井背斜构造带开展数字地震详查,发现了罗家寨、枫行湾、坝南等潜伏构造。

2. 1995—2003 年,类比邻区地震异常,发现了罗家寨气田

1995 年,在温泉井构造带北邻的渡口河潜伏构造上,钻探渡 1 井发现了下三叠统飞仙关组鲕滩气藏,并发现鲕滩储层段在二维地震上显示出强烈的"亮点"异常,即在飞仙关组内部距二叠系阳新统(地震区域标准层)顶 230ms 附近出现一个能量双强相位或三强相位段。

对比发现,渡口河构造的这一地震异常与温泉井构造有"惊人的相似性"(图 2-6)。

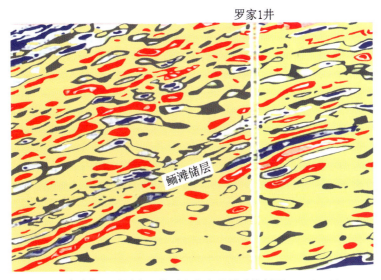

图 2-6 罗家寨气田过罗家 1 井近南东向地震反演剖面(据冉隆辉等,2005)

为此,五宝场坳陷北缘分别于 1998 年、1999 年开展了两次地震详查,地震测网密度达到

0.5~2.5条/km。对飞仙关组鲕滩气藏进行地震目标处理,温泉井构造西北翼罗家寨构造存在上八庙场、罗家寨西、罗家寨东、滚子坪等一系列台阶式高点,在各个高点上都发现有飞仙关组鲕滩储层的地震异常。其中,罗家寨东、西高点附近的飞仙关组地震异常特征最为明显,以双强反射为主,连续性好,地震异常与构造高点的叠合也较好。

1999年,中国石油西南油气田公司根据上述认识,在温泉井构造带中段的罗家寨、高桥两个构造高点,部署钻探了罗家1井、罗家2井。

2000年5月,罗家1井完钻。同年6月4日,射孔测试联作,获天然气$45.84×10^4 m^3/d$,无阻流量$563.94×10^4 m^3/d$。

2000年6月,罗家2井完钻。测试获天然气$63.2×10^4 m^3/d$,无阻流量$265.63×10^4 m^3$,H_2S含量$150g/cm^3$。

罗家1井、罗家2井的钻探成功,发现了罗家寨气田,但同时也带来了一系列新的地质认识问题。例如,鲕滩展布与迁移规律、鲕滩储层白云石化机理、成岩演化与孔隙发育的关系、储层分布与成藏规律的关系等。

为此,中国石油天然气总公司四川石油管理局2000年开展了罗家寨构造飞仙关组鲕滩储层物性地震属性反演预测研究,2001—2002年开展了渡口河—罗家寨地区地震老资料重新处理解释。同时,中国石油西南油气田公司开展了川东北飞仙关组鲕滩气藏成藏条件、储层预测方法、鲕滩分布规律、勘探目标评价等研究,基本把握了成藏地质规律。

2001年,罗家寨南端上八庙高点的评价井罗家3井钻至嘉三段,遇工程事故报废。

2001年,罗家1井以西约4km处钻探的评价井罗家4井,酸化后测试获天然气$1.68×10^4 m^3/d$,无阻流量$2.02×10^4 m^3/d$。

2002年,与罗家4井同井场的评价井罗家6井、飞仙关组射孔测试,未酸化获天然气$30.26×10^4 m^3/d$,无阻流量$91.46×10^4 m^3/d$。

2002年,在罗家1井与罗家4井之间的构造西北翼外围,钻探了罗家7井,酸化后测试获天然气$44.96×10^4 m^3/d$。在罗家1井与罗家2井之间的构造西北翼外围,部署钻探了罗家8井,是该气田钻至位置最低的一口井,钻遇气水界面附近。

此外,2001年,在罗家寨构造东邻的滚子坪构造高点,部署钻探了罗家5井,测试获天然气$71.05×10^4 m^3/d$,无阻流量$184.02×10^4 m^3/d$,与罗家寨气田分属于不同气藏。

2003年,罗家寨飞仙关组气藏新增探明天然气地质储量$581.08×10^8 m^3$,成为四川盆地当时规模最大的高产、高丰度、高含硫气田。

罗家寨飞仙关组气藏的发现,是按照构造勘探的思路,综合考虑了背斜构造与鲕滩优质储层叠合发育区而进行的井位部署,对之后的构造-岩性气藏勘探具有较好的启发作用。

案例二:旅大25-A油田

辽西凸起南段斜坡带旅大25-A油田的发现,是类比采用渤海海域其他地区形成的隐性走滑断层解释模式,重新解释断裂体系,直接部署获得突破的例子。

辽西凸起南边为渤中凹陷,西边为秦南凹陷,属于环洼近源的正向构造,油气源充足,中部、北部已探明石油地质储量约$4.3×10^8 t$(图2-7)。

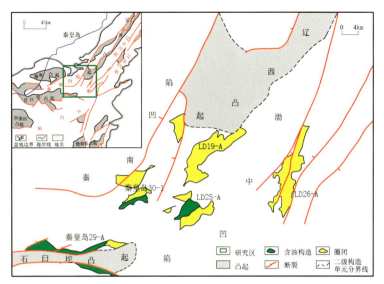

图 2-7　辽西凸起构造位置图(据薛永安等,2019)

辽西凸起南段斜坡带,西侧为陡坡带,东侧以斜坡向渤中凹陷延伸,为油气有利运移指向区。沙河街组一、二段厚层滩坝砂与中生界火山岩为有效储层,东营组巨厚超压泥岩为稳定的区域盖层(图 2-8)。

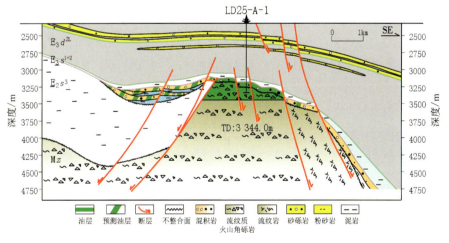

图 2-8　过旅大 25-A-1 井近南东向构造油藏剖面(据薛永安等,2019)

自 1979 年首钻,到 2019 年突破,辽西凸起南段斜坡带历经 40 余年油气勘探,大致经历了 3 个勘探阶段(薛永安等,2019)。

1. 1979 年,类比任丘潜山模式,钻探凸起潜山

1979 年,在辽西凸起南段高点古生界背斜钻探了 L5 井,全井无气测异常。测试东营组下部和古生界潜山的油斑显示段,均为水层,首钻失利。

2. 1980—2016年,勘探斜坡带,仅发现了秦皇岛30-1油藏

20世纪80年代,利用二维资料发现了秦皇岛30-1构造(图2-9a),在中生界、沙河街组、馆陶组获得了油气储量,但储层非均质性较强,后续评价井全部失利,该构造一直搁浅。2012年,本地区实现了三维地震全覆盖,但仅在旅大25-A构造区发现了断鼻构造,辽西凸起南段整体上认为是一个单斜坡,没有发现较大的构造圈闭(图2-9b)。

图2-9 辽西凸起南段断裂体系历次解释成果图(据薛永安等,2019)
a.20世纪80年代;b.2012年;c.2018年

3. 2017—2019年,寻找隐性走滑断裂,实现突破

2018年,类比渤海湾盆地其他地区形成的隐性走滑断裂解释模式(周维维等,2014),开展了新一轮三维构造精细解释,突破了传统的伸展断裂解释方案,确立了伸展-走滑断裂的解释思路,明确了秦南Ⅰ号断层、辽西Ⅰ号断层均为走滑断裂,并识别出新的走滑断层F3、F4,使辽西凸起南段由原来的单斜构造变成了两横四纵断裂切割成的复杂断裂带格局。根据邻区勘探经验,走滑断裂同样能够对油气形成有效封堵遮挡,从而发现了一批新类型的走滑构造圈闭群(图2-9c、图2-10)。

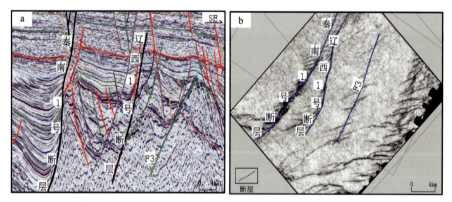

图2-10 辽西凸起南段走滑断裂解释方案(据薛永安等,2019)
a.剖面图;b.平面图

据此分析,认为新识别的旅大25-A走滑断裂构造处于斜坡带潜山隆起的高部位,为油气有利聚集区。2019年1月,以沙河街组和中生界为目的层,钻探了旅大25-A-1井,测井解释油层超百米,测试沙河街组日产油达千立方米,刷新了渤海碎屑岩产能的最高纪录,实现了辽

西凸起南段油气勘探的突破,改变了对辽西凸起南段斜坡带不发育构造圈闭的传统认识。

案例三:永探 1 井火山岩碎屑岩气藏

四川盆地川西坳陷东南缘永探 1 井在二叠系火山岩中获得突破,是在邻区永胜 1 井钻探证实地震异常体为火山岩反射,且见到活跃的油气显示,完善了本地区成藏地质条件认识的基础上,钻探高部位火山岩圈闭,实现了突破。

东吴运动导致四川盆地及云南、贵州等地在中—晚二叠世发生了强烈的火山喷发事件,形成了巨厚的峨眉山玄武岩,火山岩分布范围呈长轴近南北走向的菱形区域,面积约 $25×10^4 km^2$(图 2-11)。峨眉山玄武岩是中国唯一一个被国际学术界认可的大火山成岩省,在四川盆地内的分布面积约为 $2×10^4 km^2$。

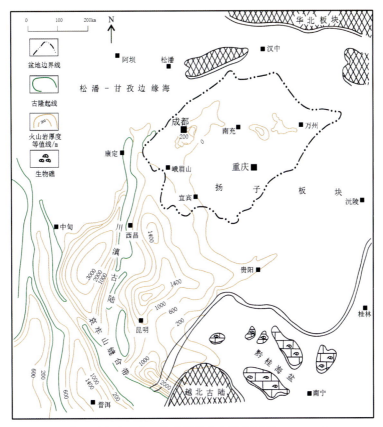

图 2-11　中国西南地区晚二叠世早期火山岩等厚图(据马新华等,2019b)

峨眉山玄武岩属中—上二叠统玄武岩组,底部与中二叠统茅口组地层呈不整合接触,顶部自北东向南西分别与上二叠统龙潭组、宣威组呈不整合接触。火山岩厚度为 30~400m,西南厚、东北薄。受加里东运动、云南运动影响,二叠纪前盆地古地形西南高、北东低,川西南—川中二叠系直接覆盖在寒武系之上。

简阳—三台地区二叠系发育爆发相火山岩,紧邻德阳-安岳裂陷寒武系优质烃源岩,早期张性深断裂沟通源储,上覆上二叠统龙潭组泥岩、下三叠统厚层膏岩等多套盖层,有利于形成大型构造-岩性复合气藏(图 2-12)。有利勘探面积为 6000km²。

简阳地区永探 1 井二叠系发育厚度大于 100m 的优质火山岩孔隙性储层,以喷溢相角砾熔岩、含凝灰角砾熔岩为主。孔隙主要为溶蚀微孔、角砾间溶孔及气孔,孔隙度为 6.68%～13.22%,平均 10.26%;渗透率为 $(0.01\sim4.43)\times10^{-3}\mu m^2$,平均 $2.35\times10^{-3}\mu m^2$。

火山碎屑岩气藏埋深为 4500～6000m,中部地层压力为 125.625MPa,压力系数为 2.22,为异常高压气藏。甲烷含量为 99.03%,微含硫化氢。

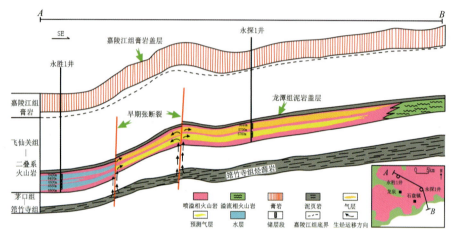

图 2-12　过永胜 1 井—永探 1 井近南东向火山岩气藏剖面(据马新华等,2019b)

截至 2019 年,四川盆地钻遇火山岩探井共 92 口,主要位于川西南地区及川东开江-梁平海槽西侧。至永探 1 井获得突破,共经历了 3 个阶段(马新华等,2019b)。

1. 1966—1991 年,兼探火山岩,未见显示,未引起重视

四川盆地钻探火山岩,始于 1966 年威远西部的威远 25 井在二叠系阳新统(现中二叠统)钻遇厚 2m 玄武岩层。

此后,在川西南犍为—宜宾、川西仁寿、蒲江、洪雅、雅安地区,川东达州—梁平等地区以栖霞组、茅口组为目的层段的井均钻遇二叠系玄武岩。代表性的有 1975 年初 Y1 井钻遇厚 39m 的两套玄武岩,1981 年 H1 井钻穿厚 225m 的玄武岩,1982 年 DS1 井钻遇厚 141.5m 的玄武岩。

此阶段,由于钻遇的玄武岩厚薄不均,无显示,并未引起较大的关注。

2. 1992—2013 年,类比邻区玄武岩气藏,成藏条件不清楚,后续失利

1992 年,为探索周公山地区须家河组及中二叠统油气情况,钻探周公 1 井,钻遇厚度为 301.5m 的二叠系玄武岩,其中发育厚 14.5m 的孔隙-裂缝型储层,测试获天然气 $25.61\times10^4 m^3/d$ 的高产气流,发现了周公山二叠系玄武岩气藏,揭开了四川盆地火山岩气藏勘探的序幕。

其后,以川西南火山岩为主要目的层之一部署的周公 2 井、H6 井、HS1 井等均未获气,其中 ZG2 井日产水 120m³、H6 井、HS1 井为干层,说明优质储层展布、成藏主控因素及有利勘探区等尚不明确。

3. 2014—2019 年,类比永胜 1 井地震反射特征,钻探永探 1 井获突破

近年来,中国石油多家单位针对四川盆地二叠系火山岩再次攻关,提出盆地内基底断裂附近可能发育爆发相火山岩的重要新认识。

借助于各向异性叠前时间偏移技术、地震相分类技术、相控反演技术等特殊岩性体地震预测技术攻关成果,中国石油专家认为川西南二叠系茅口组上部厚层平行、空白反射地震相为溢流相玄武岩发育区,成都—简阳地区丘状杂乱反射、亚平行-杂乱反射为喷溢相火山碎屑岩发育区(图 2-13)。

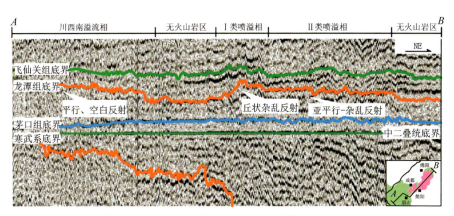

图 2-13　川西南地区火山岩近北东向地震反射剖面(据马新华等,2019b)

简阳地区紧邻德阳-安岳裂陷寒武系生烃中心。二叠系火山岩喷发时形成的早期张性断裂,后期可以作为良好的油气输导通道,纵向上将寒武系烃源岩和二叠系火山岩储层沟通起来。上覆龙潭组泥岩、下三叠统区域膏岩作为盖层,有利于形成大型构造-岩性复合气藏,成藏条件好。

2017 年 5 月 26 日,邻区风险探井永胜 1 井完钻,井底深度 6982m,证实了二叠系火山岩段地震异常体为爆发相火山岩体,并见到活跃的油气显示。

2017 年,部署了火山岩风险探井永探 1 井。

2018 年 6 月 28 日,永探 1 井开钻,同年 11 月 13 日完井深 5749m,进入二叠系火山岩 131m。在泥浆密度为 $1.99\sim2.24\text{g/cm}^3$ 的条件下,油气显示频繁,其中气侵 5 次、井漏 2 次。测井解释火山岩储层厚 100.3m,其中 2 层气层合计厚 37.6m,平均孔隙度为 11.5%;1 层疑似气层厚 62.7m,平均孔隙度为 14.1%。

2018 年 12 月 14 日,对永探 1 井火山岩储层 5628～5644m,5646～5675m 井段射孔,12 月 15 日放喷排液后油压自 8MPa 上升至 40MPa,12 月 16 日测试获气 $22.5\times10^4\text{m}^3/\text{d}$,硫化氢含量仅为 0.61mg/m^3。

永探 1 井获得高产气流,首次在四川盆地发现了喷溢相火山碎屑岩气藏,实现了火山岩气藏勘探的重大突破。

第三节 反复类比,终获突破

一些成藏条件复杂且受客观条件限制、短期内难以解决瓶颈认识问题的地区,可以充分借鉴邻区的经验与模式,反复类比、反复探索,终会突破。

案例一:垦利 6-1 油田

渤海海域莱北低凸起垦利 6-1 新近系亿吨级岩性油田的发现,是一个反复借鉴其他地区成功模式,先后经历了探潜山、探古近系—新近系构造、探新近系河道、探断阶带、探汇聚脊上的岩性圈闭 5 个勘探阶段,从过去寻找显性构造圈闭,转向寻找隐性岩性目标,才实现突破的典型实例。

莱北低凸起位于郯庐断裂带内部,凸起顶面为南抬北倾的单斜构造,平面上呈北东向菱形构造,南北两侧分别为莱州湾、黄河口两大生油凹陷(图 2-14)。古近系—新近系披覆在中生界之上,断裂发育。含油层系为新近系明化镇组下段和馆陶组(图 2-15)。

主力油层明化镇组下段 V 油组埋藏深度为 1200~1550m,储层岩性为浅水三角洲(水下)分流河道、(水下)分流间湾砂岩(图 2-16)。主力油层厚 5~14m,平均厚 8m。储层横向分布稳定,单期砂体横向展布面积超过 130km²。明化镇组下段稳定分布的厚层状红褐色泥岩是良好的区域盖层。

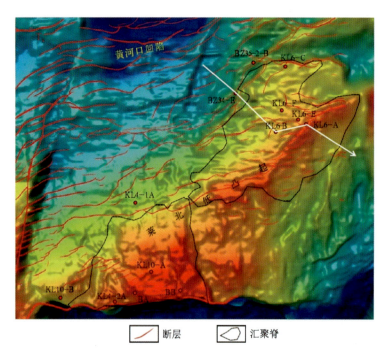

图 2-14 莱北低凸起区域位置及中生界顶面构造形态立体图(据杨海风等,2020)

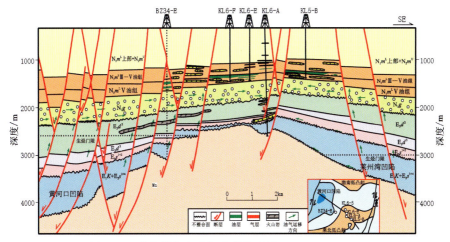

图 2-15　莱北低凸起油气成藏模式图（据杨海风等，2020）

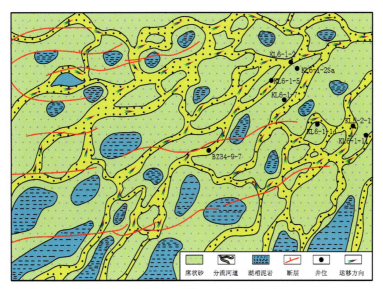

图 2-16　莱北低凸起明化镇组下段 V 油组沉积相图（据薛永安，2021）

莱北低凸起油气勘探经历了"四下五上"的过程，历经 40 余年，才获得首个商业发现（杨海风等，2020；薛永安，2021）。

1. 1979 年，类比任丘潜山油田，一探中生界潜山，储层质量差而失利

1979 年 10 月，借鉴任丘潜山油田的经验，"占山头，打高点"，针对中生界，在构造高点钻探了 BB 井，未见油气显示，首钻失利。钻后认为，中生界为安山岩，裂缝不发育，储层质量差。

2. 1995—2007 年，类比秦皇岛 32-6 油田，二探古近系—新近系构造，油气聚集差而失利

20 世纪 90 年代，综合分析渤海海域凸起及低凸起区的石油地质条件，明确指出，石臼坨凸起浅层新近系是有利勘探层系。1995 年，随着石臼坨凸起明化镇组发现秦皇岛 32-6 亿吨级油田,渤海油气勘探进入了浅层大发现阶段。

在"复式油气成藏理论"指导下,主探莱北低凸起古近系构造、兼探新近系构造,同时部署钻探凸起的南段、中段、北段3个高点,2口井在古近系见良好油气显示,测试未获商业产能,二探失利。

钻后认为,莱北低凸起与渤海海域其他凸起不同,作为南抬北倾的单斜构造,没有其他凸起所具备的大型披覆构造,油气运移发散,难以形成有效的油气聚集。同时,具有一定规模的构造圈闭均已实施钻探,没有获得商业发现。莱北低凸起在很长一段时间内,成为油气勘探的鸡肋之地。

3. 2008—2010年,类比垦利10-1油田,三探新近系河道砂体,钻遇薄砂体而失利

受莱州湾凹陷北部陡坡带垦利10-1油田发现的启发,针对新近系河道砂体,钻探了2口井,因油气层单层薄,不具备商业开采价值,三探失利。

4. 2011—2018年,类比渤中34-9油田,四探断阶带,油藏规模小而失利

2017年4月,受黄河口凹陷南部斜坡带渤中34-9油田发现的启发,优选莱北低凸起北部断阶带的垦利4-1构造,钻探垦利4-1A井,在新近系发现油层23.0m,单油层厚6.8m。但后期评价钻探发现油气分散,无法有效开发,四探再遇挑战。

2019年之前,莱北低凸起是渤海海域唯一一个未获商业发现的近源凸起。

5. 2019—2020年,采用汇聚脊成藏模式,五探新近系岩性圈闭,获突破

2018年,总结渤海海域浅层勘探的经验教训,首次系统提出了汇聚脊油气运移理论与控藏模式。模式指出,以古近系沙河街组三段烃源岩大面积接触的不整合面以及较大规模分布的砂(砾)岩层作为油气输导体系,只有不整合面及砂砾岩层顶面形成了脊状"汇聚"形态,并与油气垂向运移断层形成有效配合,浅层圈闭才能大规模聚集成藏(图2-17、图2-18)。

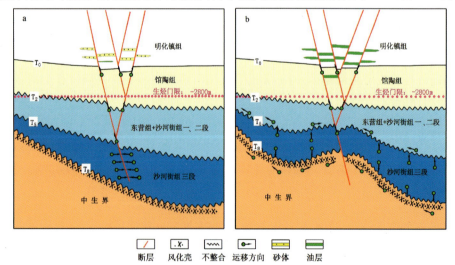

图2-17 汇聚脊控制源外油气运移模式与传统模式对比剖面(据薛永安等,2020)
a.传统油气运移模式;b.汇聚脊控制源外油气运移模式

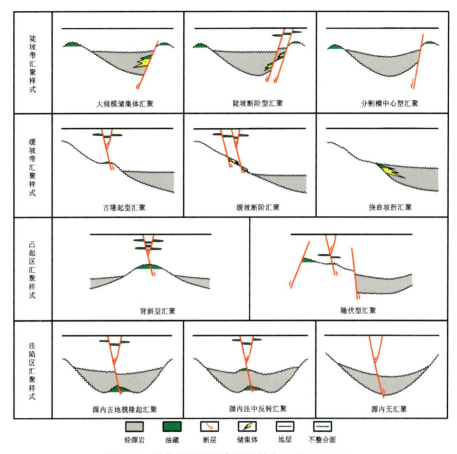

图 2-18 渤海海域汇聚脊汇油样式(据薛永安,2021)

以此为指导,先后在不发育常规构造的地区以及过去勘探失利区,发现了渤中 8-4、曹妃甸 12-6、渤中 29-6 等浅层大中型油田。

同样,根据这一成藏模式,针对久攻难克的莱北低凸起开启了新的研究,利用三维地震资料,重点对沙河街组三段底部不整合面进行了精细解释。莱北低凸起新生界底面并非传统认为的北低南高单斜构造,而是在整体斜坡的背景下,发育一个北东-南西走向的隐伏汇聚脊,有东、西两个高点(图 2-14)。隐伏汇聚脊面积约为 120km^2。在汇聚脊局部发育贯穿中生界基底和浅层新近系的次级断层,次级断层在晚期再活动可将油气由生油凹陷运移到汇聚脊,再通过次级断层输导至浅层。该发现解决了莱北低凸起油气运移聚集的指向性认识问题。

同时,根据古地貌控砂的认识,结合三维地震属性分析,认为凸起下倾部位发育明化镇组浅水三角洲水下分流河道与河口坝砂体沉积。这些发现为莱北低凸起寻找浅层砂岩岩性圈闭指明了方向。

上述认识,改变了以往钻探"构造高点"的勘探思路,转而寻找"汇聚脊"上相对低部位的岩性圈闭。

2019 年 5 月,部署钻探了垦利 6-B 井,在明化镇组下段—馆陶组钻遇厚油层并获得商业油气流,从而发现了垦利 6-1 亿吨级岩性大油田(图 2-14、图 2-19)。

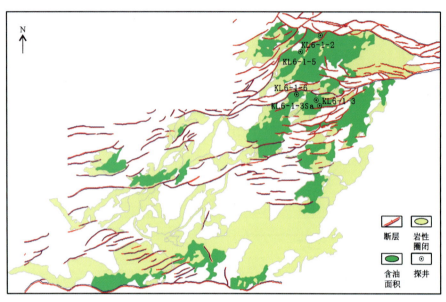

图 2-19 垦利 6-1 油田岩性圈闭及含油面积叠合图(据薛永安,2021)

垦利 6-1 油田的发现表明,隐伏型汇聚脊之上的浅层砂体也能发现大中型油气田。该发现突破了渤海浅层无规模构造圈闭可找的困局,为新近系明化镇组大型岩性圈闭的勘探提供了借鉴,促使了渤海浅层勘探思路与方向的转变,由过去"先基于地震资料寻找构造圈闭,再开展综合地质研究"的思路和方法,转变为"首先寻找深层油气运移'汇聚脊',再重点应用地球物理方法进行浅层砂体描述与烃类检测"。

案例二:渤中 28-2S 油田

黄河口凹陷中央构造脊渤中 28-2S 浅层中型油田的发现,是前期类比失利井,认为油气运移有风险而长期未钻探,后期类比邻区新发现,采用油气运移"中转站"模式指导部署,从而获得了突破。前后间隔 20 多年的两次类比,不再是简单的"类比",而是基于油气成藏规律深刻认识基础上的对比。

黄河口凹陷位于郯庐断裂带之中,渤中 28-2S 油田则位于黄河口凹陷中央构造脊,中央构造脊被东西两条北北东走向的走滑断层夹持(图 2-20)。古近系—新近系发育复杂走滑断裂体系,切割新近系河流-三角洲砂体,控制形成了断块岩性油藏(图 2-21)。

渤中 28-2S 油田主力含油层系为明化镇组下段,埋深 900～1600m,储层为浅水河流-湖泊相三角洲砂岩储层(图 2-22)。沙河街组三段中亚段是黄河口凹陷的主力烃源岩。新近系明化镇组湖相泥岩为优质的区域盖层。本区主要发育大量断块圈闭(图 2-23),均形成于上新世以来,与明化镇组上段沉积时期(约 5Ma 至今)黄河口凹陷沙河街组烃源岩的主要生排烃期相一致(杨海风等,2020)。

渤中 28-2 油田的发现过程可分为两个阶段(邓运华,2012)。

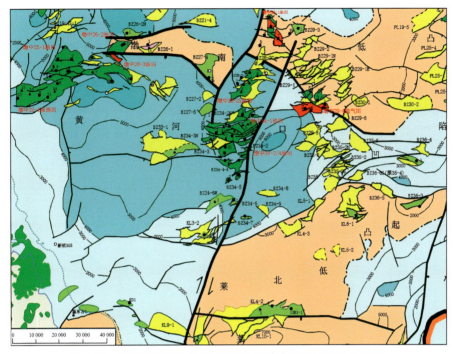

图 2-20 黄河口凹陷渤中 28-2S 油田区域位置图(据余宏忠,2009)

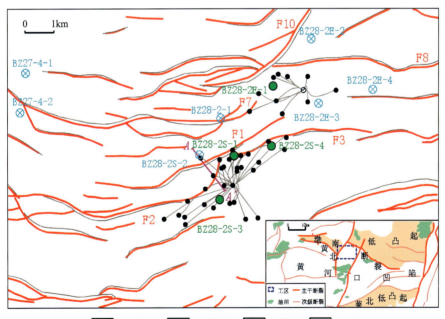

图 2-21 渤中 28-2S 油田断裂分布图(据孙永河等,2012)

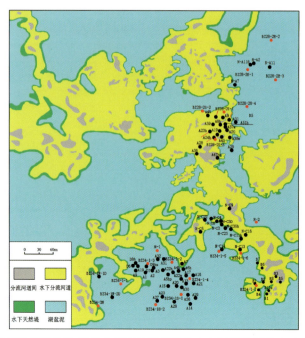

图 2-22 黄河口凹陷渤中 28-2 井区明化镇组下段 4 小层沉积相图(据张建民等,2017)

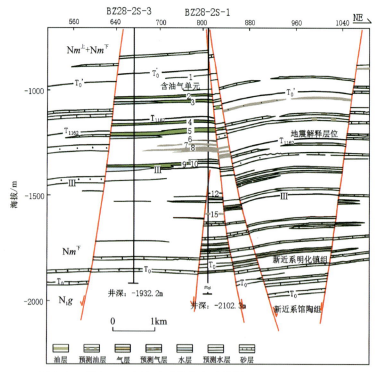

图 2-23 渤中 28-2S 油田近北东向油藏剖面(据彭文绪等,2009)

1. 1982 年,类比渤中 28-2-1 井,认为浅层油气运移有风险,长期未钻探

1982 年,中日合作,针对古近系钻探了渤中 28-2-1 井,沙河街组一段见到油气显示,试油未获得油流;东营组二段下亚段计算三级石油地质储量 $234×10^4$ t,因规模小没有开展进一步的评价。渤中 28-2-1 井在新近系明化镇组下段钻遇浅水三角洲外前缘薄层砂岩储层,储盖组合良好,构造圈闭有利,但没有见到油气显示。

当时认为,明化镇组下段油气垂向运移不通畅,类比推断,认为相邻的渤中 28-2S 构造明化镇组下段存在运移风险。为此,1982—2006 年之间,渤中 28-2S 构造一直未进行钻探工作。

2. 2005—2006 年,类比邻区油田,采用油气运移"中转站"模式,获突破

根据渤中 25-1、渤中 34-1 等油田的地质条件,总结出了渤海海域新近系浅层油气成藏模式,主要有 3 个要点。

一是走滑断裂带不同方向的断层,具有不同的封堵、输导作用。上新世末期,郯庐断裂发生强烈的右旋张扭活动,在黄河口凹陷中央构造脊发育了一系列雁行式排列的次级断层,形成了堑垒相间的构造格局。中央构造脊东西两侧的右行走滑断层,不利于油气输导,而易于侧向封堵。走滑断层西侧的伴生断层,属于压扭性质。走滑断层东侧的断层,属于张性断层。早期钻探的渤中 28-2-1 井,位于走滑断裂西侧,控圈断层属于挤压成因,不利于深部油气垂向运移,导致明化镇组下段钻探失利。而渤中 28-2S 浅层构造,位于走滑断裂东侧,伴生的控圈断层属于拉张成因,有利于深部油气往浅层运移。渤中 34 构造的成功即得益于此。

二是深层存在油气运移"中转站",有利于往浅层输导。渤海地区,断至深层沙河街组生油岩内的大断层,其下降盘要切割到深层的砂体,作为油气向上运移的聚集"中转站",该断层才能成为油源断层(图 2-24)。对比发现,渤中 28-2S 构造、渤中 34 构造深层都存在油气运移的"中转站"。

三是明化镇组油层在地震剖面上呈现强振幅,易于识别。黄河口凹陷的勘探经验表明,浅层油气运移在常规地震剖面上一定会留有"足迹",通常显示为强振幅、低频、同相轴连续性差等特征。渤中 28-2S 构造主体区的振幅异常明显(图 2-25),且平面上有一定展布。而钻探失利的渤中 28-2-1 等井,没有发生油气运移,地震剖面上同相轴光滑、连续性好、振幅和频率均一。

通过类比分析,认为渤中 28-2S 构造已与邻区发现的油田具有相似的油气运移条件。

2006 年,选择有利的圈闭部署钻探了渤中 28-2S-1 井获得成功(图 2-21、图 2-23)。发现了渤中 28-2S 浅层优质中型油田,石油地质储量 $4500×10^4$ m³。

第四节 模式创新,转型突破

世界上没有两个一样的盆地,也没有两个完全一样的油气藏。在类比其他地区成藏模式的过程中,总会发现,本地区的地质条件与其他地区的成藏模式会有差异。重视这种差异性,突出本地区的特殊性,以成功的理论指导本地区的勘探实践,快速建立起本地区的成藏规律性认识,进而指导勘探部署,就会实现大突破。

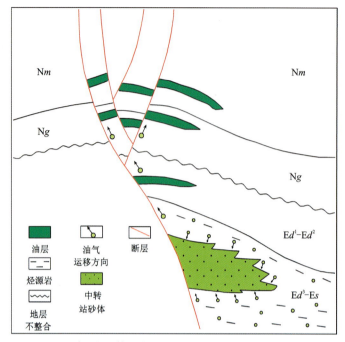

图 2-24　断裂-砂体油气运移"中转站"模式(据邓运华,2012)

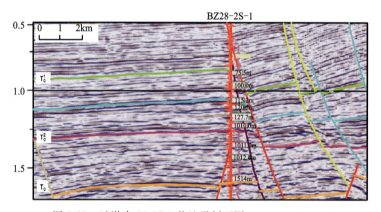

图 2-25　过渤中 28-2S-1 井地震剖面图(据邓运华等,2012)

案例一：普光气田

普光气田的发现，是四川盆地海相碳酸盐岩层系实现从背斜构造勘探向构造-岩性复合气藏勘探战略性转移的标志性历史事件，是以岩相古地理与岩性预测成果指导勘探部署的典型案例。普光气田的发现，诞生了台缘礁滩相优质储层沉积发育模式、海相复杂构造区"叠合复合控藏"油气成藏模式等理论认识，继续发现了多个海相岩性大中型油气田，对于四川盆地海相碳酸盐岩层系天然气勘探的快速发展起到了巨大的推动作用。

普光气田处于大巴山推覆带前缘断褶带与川中平缓褶皱带相连的区域之中，位于川东断褶带东北段黄金口构造的双石庙-普光北东向构造带的北部倾末端(图 2-26)。

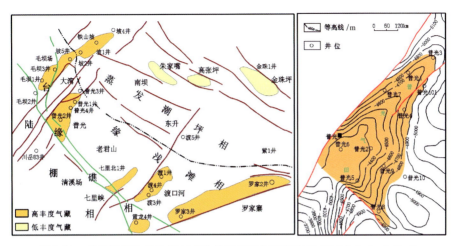

图 2-26　普光气田构造位置与飞仙关组四段底面构造图(据马永生,2006,2007)

普光气田主要含气层段为下三叠统飞仙关组与上二叠统长兴组,埋藏深度 4800～5800m。主力气层飞仙关组储层岩性为台缘礁滩相(残余)鲕粒白云岩、细晶白云岩、中—粗晶白云岩(图 2-27);储层空间以粒间溶孔、晶间溶孔为主,部分发育裂缝;储层孔隙度为 0.44%～26.4%,平均 7.61%;渗透率为 $(0.44\sim3354.1)\times10^{-3}\mu m^2$,平均 $26.3\times10^{-3}\mu m^2$;为中高孔中高渗储层。长兴组储层岩性为生物礁云岩、颗粒云岩以及晶粒云岩等;储层空间主要为晶间溶孔、粒间溶孔、超大溶孔、粒内溶孔及少量裂缝;储层孔隙度为 1.11%～28.84%,平均 7.99%;渗透率为 $(0.03\sim9664.89)\times10^{-3}\mu m^2$,平均 $0.896\times10^{-3}\mu m^2$;为中高孔、高渗的孔隙型储层(李大凯,2016)。

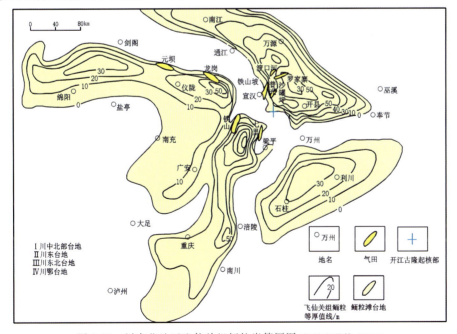

图 2-27　川东北地区飞仙关组鲕粒岩等厚图(据韩克猷等,2014)

普光气田的烃源岩包括下寒武统黑色泥岩与泥页岩,下志留统龙马溪组黑色页岩与泥岩,下二叠统栖霞组、茅口组生物灰岩,以及上二叠统龙潭组海陆过渡相的黑色泥质岩。龙潭组黑色泥岩、龙马溪组黑色页岩为主要优质烃源岩。

普光气田的区域盖层主要为嘉陵江组四段至中三叠统雷口坡组潟湖相、潮坪相膏盐岩以及上三叠统须家河组与侏罗系泥质岩。

普光构造断裂发育,向下可断至寒武系,与多套烃源岩沟通。这些深大断裂大多形成并活跃于燕山期—喜马拉雅早期,与二叠系烃源岩生排烃高峰期相匹配,成为油气运移的优势通道(图2-28)。这些逆断层向上并未切穿较厚的区域盖层嘉陵江组、雷口坡组膏盐层,保证了构造-岩性复合圈闭的完整性和封闭性。

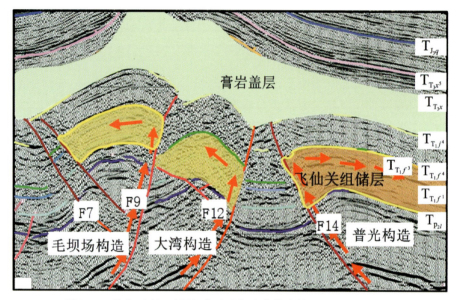

图2-28 普光-大湾-毛坝场构造油气成藏模式剖面(据马永生,2007)

鼻状构造背景与台缘礁滩相储层相配合,共同控制形成了普光长兴组—飞仙关组构造-岩性复合气藏(图2-29)。

普光气田的发现经历了2个大的勘探阶段(冉隆辉等,2005;马永生等,2005,2006,2010;马永生,2006,2007;张仕强等,2008;胡魁元,2013;郭彤楼,2020;胡东风等,2021)。

1. 1981—1995年,寻找背斜构造气藏,钻遇了飞仙关组鲕滩储层

1981—1999年,川东北地区开展了多轮次地震勘探。其中,针对黄金口构造带进行了4次地震详查。

1990年以前,借鉴四川盆地其他地区勘探经验,在宣汉—达州市达川区1116 km² 范围内,按照"古高点、古鞍部、古断块、沿长轴、沿扭曲、沿陡带"及"撒大网、占山头、插红旗"的钻探思路,主探构造圈闭及构造裂缝系统,钻探井21口,所有构造高部位均已打井,未发现气田。本次详查发现了下三叠统飞仙关组二段气层,以及二叠系茅口组、中侏罗统、上三叠统须家河组含气层。

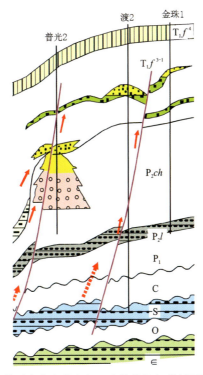

图 2-29　过普光 2 井近南东向长兴组—飞仙关组气藏剖面图(据赵文智等,2011)

其中,钻达长兴组—飞仙关组的探井有 7 口,只有 1986 年东岳寨构造钻探的川岳 83 井,在飞仙关组二段钻遇泥灰岩裂缝性储层,对 4 719.7～4 727.0m 井段中途测试,30mm 孔板,获天然气 $13.97\times10^4 m^3/d$。但裂缝气藏预测难,气藏规模小,勘探效果较差。

1995 年底,相邻的渡口河潜伏构造上的渡 1 井发生了强烈井喷,发现了渡口河三叠系飞仙关组鲕滩气藏(图 2-30)。

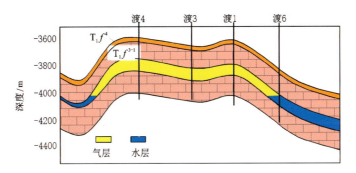

图 2-30　渡口河构造过渡 1 井飞仙关组气藏剖面(据赵文智等,2011)

1990—2000 年,构造圈闭钻探殆尽,普光地区以构造圈闭为主的勘探工作,停滞长达 10 年。

2. 2000—2007年,转型探索礁滩相构造-岩性复合圈闭,发现了普光气田

2000年,邻区的罗家寨构造罗家1井、罗家2井,在飞仙关组发现了海相碳酸盐岩蒸发台地边缘优质鲕粒滩白云岩高产气藏。为此开展了岩相古地理研究,认为,川东北地区距今2.5亿年左右存在"开江-梁平海槽",但受当时认识的制约,认为宣汉—达州市达川区飞仙关组"无鲕粒岩分布,对寻找鲕滩气藏不利",勘探潜力不大。

除此之外,普光地区处于复杂山地,高差为1200m,地震采集难度大;碳酸盐岩非均质性强,埋深超过5000m,预测难度大,受工程技术条件的限制影响了勘探工作。

2000年,中国石油化工股份有限公司(简称"中国石化")开始在宣汉—达州市达川区进行勘探。中国石化评估分析了前人在普光地区的钻井、地震、地质资料,发现普光地区主要构造的高点上并不发育邻区取得突破的飞仙关组优质鲕粒滩相白云岩储层,普光地区的飞仙关组埋藏深度要比邻区深1.5~2km,甚至更深,已经处于邻区气水界面之下,按照构造圈闭应当为水层。

为此,在野外地质调查的基础上,以区域构造-沉积为基础,以深部碳酸盐岩储层发育机理为核心,以碳酸盐岩储层预测技术为关键,重点寻找大型气田,中国石化开展了"宣汉—达州市达川区石炭系—三叠系油气地质综合研究与勘探目标优选"等基础研究。研究认为,宣汉—达州市达川区在长兴组—飞仙关组时期具备形成礁、滩相孔隙型白云岩储层的地质条件(图2-31)。

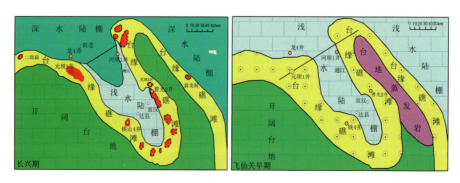

图2-31 川东北地区长兴组—飞仙关组沉积相(据马永生等,2006)

基于这一新认识,调整了前期以背斜构造为主的勘探思路,中国石化提出了"以长兴组—飞仙关组礁、滩孔隙型白云岩储层为主的构造-岩性复合圈闭为勘探对象"的勘探新思路,勘探方向聚焦至宣汉—达州市达川区。

为了加快落实普光地区构造-岩性圈闭目标,中国石化实施了54条45次叠加二维高分辨率地震测线,并于2001年7月完成了山区连片高分辨率地震采集和二维高分辨率地震资料处理,用相控三步法确定了主要储集层的分布。在有利相带内,以地质模型为指导,利用地震相分析与特殊处理解释相结合的方法,圈定了储集层发育区,优选了钻探目标。

2001年8月,在低于构造高点1400m的位置部署了普光1井,在构造高部位未获发现的情况下,探索构造低部位的有利沉积相带。

2001年11月3日,普光1井开钻。2003年4月27日,普光1井完钻,完钻井深5700m,钻揭了长兴组—飞仙关组礁滩相优质白云岩储集层261.7m,测井解释气层279m。2003年7月,普光1井在飞仙关组5 610.3～5 666.24m井段测试,获稳产天然气$42.37×10^4 m^3/d$的高产工业气流,从而发现了普光气田。

2002年2月,部署在毛坝场构造上的毛坝1井开钻。2002年11月28日,毛坝1井钻至4 324.54m遇到高产气层,测试获得天然气$33×10^4 m^3/d$。

2003年6月,整体部署实施了普光2、4、5、6等探井12口,全部成功。

2006年,累计探明天然气地质储量达$2783×10^8 m^3$。

2007年以后,开展了普光主体的评价与扩边,开展了大湾、毛坝、分水岭的评价与预探,开展了普光南部的甩开预探,发现了大湾气藏、毛坝气藏、老君气藏、清溪场含气构造、双庙含气构造。它们统称为普光气田。

截至2009年底,普光气田累计探明天然气地质储量达$4 121.73×10^8 m^3$,成为四川盆地当时规模最大、丰度最高的气田。

基础研究结合钻探情况表明,宣汉—达州市达川区在长兴组—飞仙关组沉积时期,存在东高西低的沉积地貌。东部为浅水碳酸盐台地,以颗粒岩为主,白云石化普遍,在台地边缘发育台地边缘生物礁、浅滩等高能沉积。西部梁平—开江地区是碳酸盐台地中水体相对较深的陆棚环境,以泥晶灰岩为主,没有或少有高能滩沉积,白云石化稀少。

毛坝场—普光一带的台地边缘相带发育圆丘状点礁、灰泥丘,生物礁规模相对较小,但与其伴生的浅滩规模巨大。生物礁、浅滩结合形成了规模巨大的礁滩相组合(图2-31)。深层同样发育孔隙度较高的有效储层。

开江-梁平海槽浅水陆棚东侧的普光、罗家寨、铁山坡等气藏,受礁滩岩性体与背斜构造双重因素控制,为构造-岩性气藏。

普光气田的发现,得益于找准了制约勘探的关键问题,认识到二叠系、三叠系环绕的开江-梁平陆棚相及台缘发育礁滩相,从而建立了深层超深层碳酸盐岩优质储层的发育机理与预测模式——"三元控储"模式,以及适合于海相复杂构造区的"叠合复合控藏"油气成藏模式。普光气田的发现实现了从背斜构造气藏向构造-岩性复合气藏勘探的转变,带动了四川盆地海相碳酸盐岩层系天然气勘探的大发展。

案例二:千米桥潜山凝析油气田

千米桥潜山油气藏的勘探,前期类比任丘潜山成藏模式,钻探下古生界潜山高点,没有取得成功。后期认识到,奥陶系潜山内幕地层古构造的高点处于现今的潜山斜坡区,潜山层状油藏的古构造高点与现今的潜山顶面构造高点不一致。据此针对现今潜山斜坡区的古构造高点进行部署钻探,突破发现了千米桥潜山油气田。

千米桥潜山凝析油气田位于黄骅坳陷北大港构造带东北方向的倾没端(图2-32),潜山顶面为断背斜构造(图2-33)。潜山南、北两侧分别为歧口、板桥古近系生油凹陷,潜山周边的同沉积断层为油源断层,储层为奥陶系马家沟组海相碳酸盐岩,盖层为奥陶系顶面覆盖的白垩系红层地层,为"新生古储"型潜山油气藏(图2-34)。

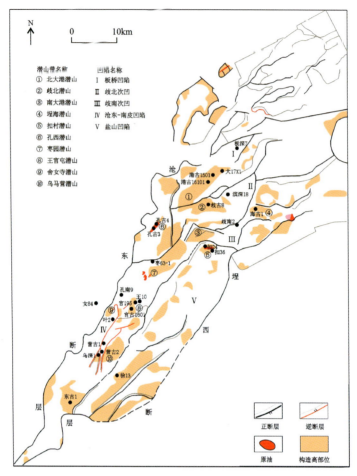

图 2-32 千米桥潜山构造位置图（据吕雪莹,2019）

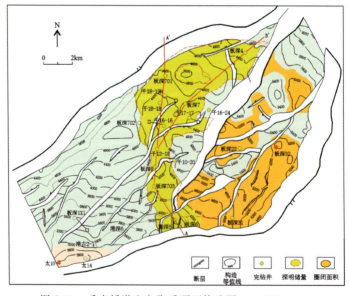

图 2-33 千米桥潜山奥陶系顶面构造图（据李晓彤,2018）

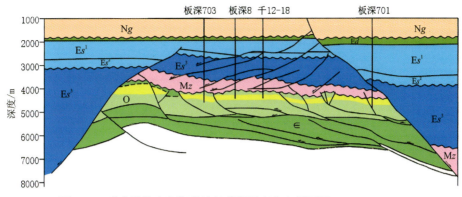

图 2-34　千米桥潜山奥陶系油气成藏近南北向剖面图(据吕雪莹,2019)

千米桥潜山油气藏的发现历程,可分为两个阶段(吴永平等,2007)。

1. 20 世纪 70—80 年代,类比任丘潜山,未获突破

1978 年底,借鉴任丘型潜山成藏模式,在黄骅坳陷重点寻找掀斜断块山、褶皱背斜山等次级凸起。在千米桥潜山南部高点上首先部署钻探了港深 5 井,奥陶系油气显示非常活跃,气测异常明显,但裸眼试油为水层(图 2-33)。

这一阶段,针对黄骅坳陷奥陶系海相地层潜山的高凸起,钻探了 29 口探井,但成效很差。多口井油气显示活跃,只有 2 口井获得工业油气流。

这一阶段的钻探取得两点认识:一是黄骅坳陷奥陶系上覆巨厚的中生界白垩系红色地层及石炭系—二叠系含煤地层。两套地层残留厚度大,奥陶系抬升剥蚀时间短,不可能出现任丘潜山那样的厚层岩溶储层,而是发育裂缝、溶洞共同控制的强非均质性储层,难以形成大型风化壳型潜山油气藏。二是黄骅坳陷碳酸盐岩潜山多为断面供油、断棱储油,油气仅分布在构造高点,含油幅度低、面积小,不像任丘潜山既是"凹中山",又被古近系生油层大面积超覆。这些认识,限制了针对盆内凸起构造高点以外目标的钻探。

2. 20 世纪 90 年代,认清奥陶系内幕层状潜山成藏特点,快速突破

20 世纪 90 年代以来,在石炭系—二叠系覆盖的下古生界碳酸盐岩潜山中,相继发现了冀中坳陷的苏桥-文安、济阳坳陷的套尔河潜山等,在黄骅坳陷孔西地区的孔古 3 井发现了下古生界潜山内幕油藏。这些新发现启发了大港地区碳酸盐岩潜山新一轮勘探。

通过整体研究黄骅坳陷潜山古构造的发育演化过程,发现黄骅坳陷下古生界在中、新生代至少经历过两次大规模"翘翘板"式构造反转。其结果是,下古生界地层的构造高点均分布在现今二级构造带的斜坡区,而不是现今凸起的高点。现今凸起的高点,岩溶并不发育。现今奥陶系的岩溶发育区,可能分布在现今斜坡区的古逆冲构造高部位(图 2-35)。

为此,加强三维地震构造解析攻关,落实了潜山内幕构造,提出了如下新认识:一是千米桥潜山是中生代逆冲断层褶皱构造;二是潜山顶面石炭系—二叠系遭受剥蚀,有利于改善潜山储层物性;三是周边残余的石炭系—二叠系可能起侧向封堵作用;四是新近纪油气运移聚

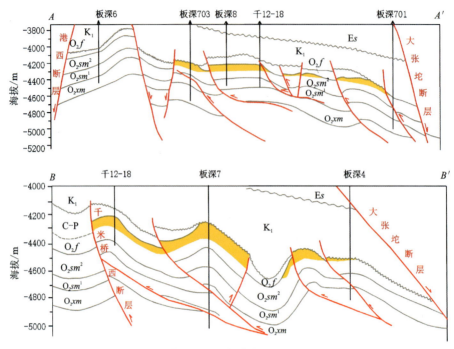

图 2-35　千米桥潜山凝析油气藏剖面图（据吴永平等，2007）

集时期，潜山上部的正断层停止了活动，有利于油气的后期保存。

基于上述认识，提出了新的潜山勘探分类部署思路：沿古逆冲推覆构造寻找"古生古储型"潜山油气藏、沿靠近古近纪生油凹陷且古推覆构造和中生代强剥蚀叠置区寻找"新生古储"有利目标。

由此，将潜山勘探重点由过去的钻探现今凸起高点转向现今斜坡区，优选北大港构造带东北翼的千米桥潜山进行部署，在千米桥潜山东山头部署了板深 7 井。

1998 年 4 月 28 日，板深 7 井开钻。完钻井深 5 191.96m。在奥陶系潜山井段采用欠平衡技术，中途测试，10mm 油嘴获得凝析油 42.3m³/d，天然气 109 768m³/d。

1999 年，板深 7 井完井试油，7.94mm 油嘴，获日产 76.0t 的高产凝析油和日产 168 321m³ 的高产气流，从而发现了千米桥潜山凝析油气田。含油气面积 57.1km²，探明油气地质储量 394.68×10⁸m³。

2009 年初，在埕海潜山带开展三维地震多属性聚类反演及裂缝预测，确定了奥陶系岩溶风化壳及裂缝发育区。为了探索石炭系—二叠系覆盖区奥陶系碳酸盐岩风化壳的含油气性，部署钻探了风险探井海古 1 井（图 2-32、图 2-36），钻遇二叠系油层 17.5m，奥陶系缝洞储层 61.9m。

2009 年 11 月，海古 1 井奥陶系测试获高产气流。表明，加里东期—早海西期的沉积间断遭受抬升风化剥蚀，晚期的酸性水溶蚀及构造裂缝有助于奥陶系的储层改造。上古生界覆盖区碳酸盐岩仍可发育优质储层，从而开辟了大港探区低位潜山及其内幕勘探新领域（杜金虎等，2011a）。

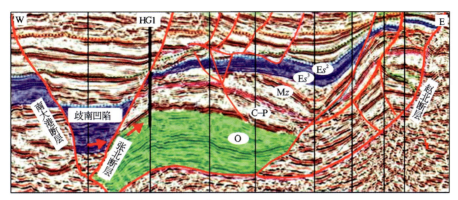

图 2-36　埕海潜山过海古 1 井近东西向地震剖面(据吴昊晟等,2014)

案例三:古城 6 井奥陶系气藏

塔里木盆地古城低凸起古城 6 井中—上奥陶统层间岩溶气藏的发现,先是类比东河砂岩勘探成果进行钻探,再是类比塔中Ⅰ号坡折带台缘礁滩体进行钻探,最后是借鉴邻区突破成果,认识到本地区发育中—上奥陶统层间岩溶储层,勘探部署思路经过 3 次调整,才抓准了勘探突破的关键问题,从而实现了勘探突破。

古城低凸起位于塔中隆起区东端,西南以塔中Ⅰ号断裂与塔中隆起相接,东部以上寒武统—中下奥陶统坡折带与东南隆起相邻,北部毗邻满加尔凹陷、满西低凸起(图 2-37)。

古城低凸起为北西倾的下古生界大型宽缓鼻状构造。东南部受车尔臣断裂的逆冲作用,发育一系列复杂冲断构造。北部构造相对平缓,局部为断背斜构造。

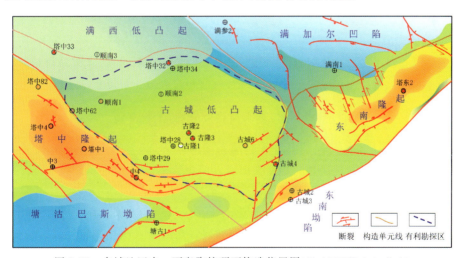

图 2-37　古城地区中—下奥陶统顶面构造位置图(据王招明等,2014 修改)

古城低凸起为长期继承性古隆起,下古生界地层完整,厚度大于 5000m。志留系、泥盆系主要分布在古城鼻隆的北部,高部位缺失。石炭系广泛分布,二叠系缺失。中生界主要发育三叠系与白垩系,厚度约为 1000m;侏罗系缺失。新生界厚度约 1800m,分布稳定(图 2-38)。

古城 6 井主力产气层为奥陶系鹰山组鹰三段,储层岩性以灰岩、含云灰岩、云质灰岩为

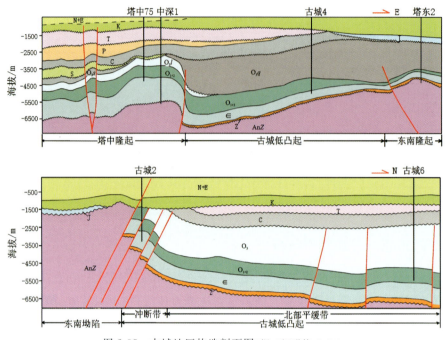

图 2-38　古城地区构造剖面图(据王招明等,2014)

主,储集空间主要为粒间溶孔、晶间孔和针状溶孔,地震显示为串珠状强反射。古城 6 气藏为干气藏,地温梯度为 2.79℃/100m,地层压力系数为 1.18。

1989 年 10 月,塔中 1 井突破发现了下奥陶统风化壳高产油气藏。1989 年 12 月,东河 1 井突破发现了石炭系东河塘油田。1992 年 4 月,塔中 4 井突破发现了石炭系大气田。1997 年 2 月,塔中 26 等井突破发现了塔中 Ⅰ 号断裂带上奥陶统礁滩相油气富集带。

这些邻区的突破成果,对于古城低凸起的突破均起到了巨大的带动与启发作用。

古城低凸起古城 6 井的突破,历经 3 个勘探阶段,经历了由石炭系、志留系海相碎屑岩→上寒武统—下奥陶统台缘礁滩体→中—上奥陶统台内层间岩溶的 3 个转变(王招明等,2014)。

1. 1995—2003 年,受东河砂岩启发,探索海相碎屑岩,未获突破

本阶段重点探索古城低凸起及周缘 3 套层系的海相碎屑岩:东河砂岩(图 2-39)、志留系超覆砂岩(图 2-40)、上奥陶统斜坡-陆棚浊积岩。但由于砂岩边界不落实、砂岩岩性预测不准、圈闭条件不落实等原因,碎屑岩勘探未取得突破。

(1)针对东河砂岩共钻 3 口探井。

1995 年,塔中 28 井、塔中 29 井未钻遇东河砂岩。东河砂岩在北部超覆尖灭。

1996 年,ESSO 公司按相同思路,在满加尔凹陷南缘钻探且北 1 井,钻揭东河砂岩 75m,但圈闭不落实。

2003 年,塔中 51 井向北寻找东河砂岩,由于砂体边界难以落实清楚,未钻遇东河砂岩。

(2)针对志留系超覆砂岩,共钻探井 4 口。

1995 年,塔中 32 井在志留系取得含油岩心但测试为干层,塔中 33 井在志留系仅见到油气显示,塔中 32 井处于超覆圈闭油水界面以下。

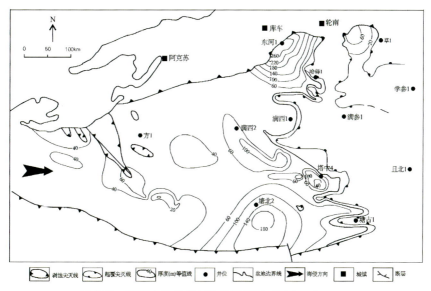

图 2-39 塔里木盆地东河砂岩等厚图(据申银民等,2011)

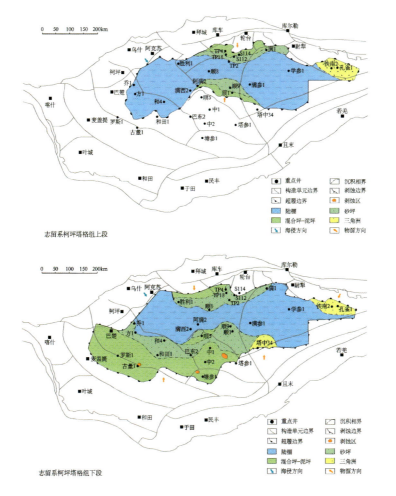

图 2-40 塔里木盆地志留系柯坪塔格组沉积相图(据曲炳昌,2012)

1996年,往南高部位钻探塔中34井,志留系无油气显示,断层侧向封堵差。

2003年,在满加尔凹陷南缘钻探满南1井,志留系无油气显示,测试产水,缺乏优质盖层,圈闭不落实。

(3)针对上奥陶统斜坡-陆棚相浊积岩,地震异常反射或内幕强反射,将其作为兼探层。

1995—2003年,钻塔中28井、塔中29井、塔中32井、塔中33井、满南1井5口探井。塔中33井为玄武岩,其他井皆为浊积砂岩。

2006年,针对满加1井上奥陶统内幕前积异常反射,钻前认为是浊积砂岩(图2-41),实钻是上奥陶统泥质灰岩。

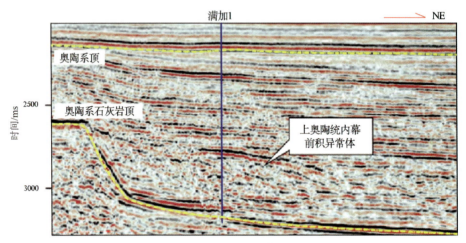

图2-41 过满加1井近北东向地震剖面(据王招明等,2014)

2. 2003—2006年,受塔中Ⅰ号坡折带启发,探索坡折带礁滩体,未获突破

2003年,塔中62井在塔中Ⅰ号坡折带上奥陶统良里塔格组礁滩体实现勘探突破,发现了大型凝析气田,促使古城低凸起勘探思路发生重大变化,由海相碎屑岩转向了奥陶系台缘带。

2004—2005年,开展塔里木台盆区寒武系—奥陶系沉积岩相古地理研究,认识到,寒武纪—早奥陶世时期,塔东地区为被动大陆边缘坳陷(坳拉槽),轮南—古城一带为坳陷西侧的台缘带,寒武系—下奥陶统显示了代表台缘带的丘状前积反射,古城坡折带奥陶系可能存在礁滩体。

同时,基于塔中Ⅰ号坡折带的认识,将古城低凸起由东南隆起西端的二级构造带,划归为塔中隆起的东端二台阶,从而提高了该地区的地质评价等级。一是北邻满加尔凹陷寒武系—中下奥陶统厚层深水陆棚相烃源岩;二是古城低凸起具备塔中Ⅰ号坡折带的有利条件,可发育台缘礁滩相与下奥陶统内幕等储层;三是上奥陶统却尔却克组厚层泥岩,为广泛分布的区域盖层。

2003—2004年,部署古城2井、古城3井,探索塔东坡折带下奥陶统碳酸盐岩原生油藏。钻探认为"有构造无圈闭",应"向北部构造平缓区寻找有利目标"。

2004年,按照"台缘带储盖组合有利、逼近烃源岩、避开车尔臣复杂断裂区"的思路,加大古城台缘带构造高部位二维地震勘探力度,重新刻画台缘丘状反射带,勾勒出坡折带礁滩体分布,部署了古城 4 井,探索台缘高能相带。

2006 年 12 月 19 日,古城 4 井完钻,测试 3 个层,分别为含气层、干层、水层。该井失利,但证实存在古城台缘带,中—下奥陶统为台缘浅缓坡中低能砂屑滩与灰泥丘,上寒武统为台缘上斜坡垮塌沉积。钻揭多套沥青层,表明曾存在古油藏。中奥陶统获低产气流,表明存在晚期成藏事件。

3. 2006—2011 年,认识到发育奥陶系层间岩溶储层,获突破

2005 年 11 月,中国石化在古城低凸起西段的古隆 1 井完井,在下奥陶统鹰山组三段获油气流 $1.006\ 7\times10^4\mathrm{m}^3$,测试层段为层间岩溶叠加热液改造作用形成的优质白云岩储层。古隆 1 井的钻探对古城低凸起的突破起到了积极的带动和启发作用。

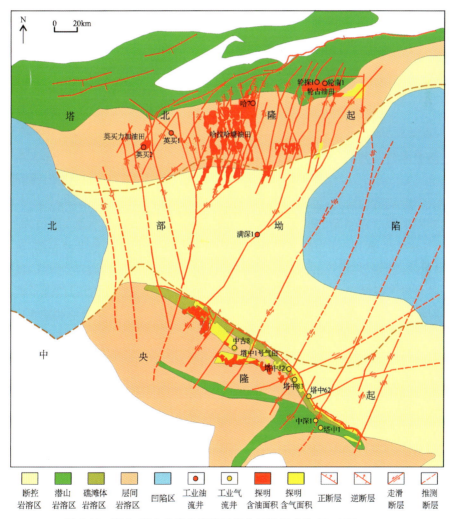

图 2-42 塔北-塔中奥陶系岩溶区划分与勘探成果(据田军等,2021)

2006 年,根据老井复查和地震剖面精细解释,认为塔中凸起在早奥陶世末期发生了强烈的构造隆升,整体缺失中奥陶统吐木休克组,局部缺失中奥陶统一间房组及下奥陶统鹰山组上段,形成了第一期广泛分布的、全盆地可对比的区域性不整合,具备形成大型层间岩溶储集层的地质条件,在下奥陶统鹰山组顶面发育与轮南古潜山风化壳岩溶、塔中凸起上奥陶统良里塔格组礁滩体不同的储层类型——层间岩溶储层(图2-42)。该类储层发育大型岩溶缝洞,与其上覆的200~400m巨厚上奥陶统泥灰岩组成良好的储盖组合。

2006年10月,针对鹰山组层间岩溶储层部署的塔中83井获突破,获得天然气$15.80 \times 10^4 \mathrm{m}^3/\mathrm{d}$,发现了良里塔格组礁滩型气田之下的鹰山组层间岩溶型凝析气田。

塔中83井的突破,验证了奥陶系发育层间岩溶储层的猜想。进一步分析认为,古城低凸起与塔中隆起在寒武纪—早奥陶世时期,为统一的碳酸盐岩台地,可能广泛发育层间岩溶(图2-43)。

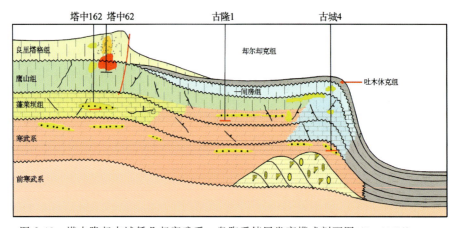

图2-43 塔中隆起古城低凸起寒武系—奥陶系储层发育模式剖面图(据王招明等,2014)

认识的转变,明确了古城下奥陶统层间岩溶储层为主攻层系。为此,在2007—2009年,连续3年开展了地震大攻关。

2008年,首次在塔里木台盆沙漠区的古城低凸起开展了两条宽线大组合攻关,在下奥陶统—寒武系顶面附近,显示出烃类层状分布、局部富集的特征。

2009年,为了解决极强非均质性碳酸盐岩的储层预测问题,中国石油勘探与生产分公司及塔里木油田公司打破常规,在古城地区超前实施三维地震满次覆盖面积$170.2\mathrm{km}^2$。古城地区有两套层状非均质分布的岩溶储层,第一套为下奥陶统鹰山组顶部的片状强反射,第二套为鹰山组中下部的串珠状强反射(图2-44)。据此,部署了古城6井。

2011年7月13日,古城6井开钻。钻至6162m发生井漏,漏失约$14.8\mathrm{m}^3$,因发现油气流,2012年4月26日在溶洞顶部提前完钻,井深6169m,层位为奥陶系鹰山组。

2012年5月15日,对古城6井鹰山组鹰三段6144~6169m井段完井试油,8mm油嘴,油压30.4MPa,折合天然气$26.4234 \times 10^4 \mathrm{m}^3/\mathrm{d}$,产量稳定,从而实现了古城低凸起天然气勘探的重大突破。

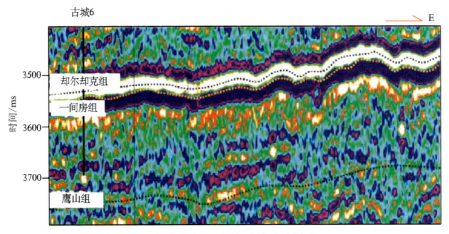

图 2-44 古城三维区奥陶系鹰山组层间岩溶地震剖面(据王招明等,2014)

第五节 理论指导,有序突破

在本地区石油地质条件与可供参考的成藏模式不一致时,科学的做法是,按照石油地质学的基本理论,系统研究生、储、盖、运、圈、保 6 项石油地质条件,重点研究其中的油气源、有效储层、油气运移、油气聚集等成藏关键条件,必然会实现突破。

案例一:牛东 1 潜山油藏

如果说任丘潜山油田的发现过程是先着眼"油气藏",再追踪"运移成藏",最后实现"源内成藏"的反向认识过程,那么,同样在冀中坳陷,霸县凹陷牛东 1 深层潜山油藏的发现过程,则是在首先认识到深层存在油源,再按照任丘潜山"新生古储"成藏模式指导部署实现的突破,是从"油源"→"油气运移"→"油气藏"的正向认识过程,是按照石油地质理论指导勘探的典型案例。

霸县凹陷是冀中坳陷中北部的新生代箕状断陷,北东走向,西断东超,面积约 2400km²,基底最大埋深近 10km。主要勘探层系为新近系馆陶组,古近系东营组、沙河街组,奥陶系,寒武系,蓟县系雾迷山组。牛东 1 井蓟县系雾迷山组超深高温潜山油藏,位于霸县凹陷西部陡坡带边界断层牛东断层的下降盘(图 2-45)。

霸县凹陷深层沙河街组四段—孔店组发育巨厚优质高成熟烃源岩,油气源充足。其中,兴隆 1 井钻遇的沙河街组四段—孔店组暗色泥岩及碳质泥岩厚 574m,有机碳平均含量为 2.05%,生烃潜量为 3.74mg/g,氯仿沥青"A"为 0.138 9%,有机质类型为 II_2 型。在 5500m 深度进入凝析油湿气阶段,生烃强度达到油 $796\times10^4 t/km^2$、气 $31.6\times10^8 m^3/km^2$,已进入成熟—高成熟阶段,为深层主力烃源岩。

蓟县系雾迷山组碳酸盐岩储层物性好,基本不受埋深的影响。储层矿物中白云石含量多在 95% 以上,发育孔隙、裂缝两种储集空间。其中,白云石晶间溶孔孔径为 $20\sim60\mu m$,构造缝及少量构造-溶蚀缝缝宽为 $25\sim625\mu m$,且多为高角度未充填或半充填构造缝。

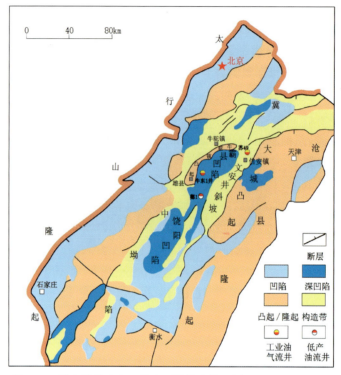

图 2-45　冀中坳陷牛东 1 潜山区域构造位置图(据赵贤正等,2011)

断块潜山圈闭形成早,被烃源岩所包围,具有油气早充注、持续充注、高压充注的成藏优势。直接盖层为上覆的沙河街组四段—孔店组烃源岩层,保存条件有利。成藏条件匹配好。牛东 1 井钻达 6027m,在蓟县系雾迷山组仍未见油水界面,温度已达 201℃,是渤海湾盆地乃至中国东部当时埋深最大、温度最高的潜山油气藏(图 2-46)。

牛东 1 井试油结果表明,地面 20℃时原油密度为 0.779 2g/cm³,50℃时原油黏度为 1.83mPa·s。气油比为 875m³/m³,天然气甲烷含量为 81.77%~86.47%,天然气相对密度为 0.713 8,临界温度为 214.79K,临界压力为 4.777MPa,属于凝析气藏。

牛东 1 潜山油气藏的发现,经历了 3 个阶段(赵贤正等,2011;杨克绳,2013)。

1. 1977—1978 年,类比任丘潜山,但工程能力不够,未钻达潜山

1975 年,在冀中坳陷发现了任丘潜山油田,创建了"新生古储"潜山成藏理论。之后在不到 10 年时间里,相继发现了一批潜山油气田。霸县凹陷牛东地区也是当时潜山主攻区带之一。

1977—1978 年,先后钻探了家 4 井、家 6 井、新家 4 井共 3 口潜山探井,因二维地震精度不高,潜山高点落实不准,加上钻井能力有限,均未钻遇潜山。

首次勘探失利,导致潜山勘探停滞 20 余年之久。

2. 1998—2004 年,三维地震发现了潜山,但认识不到油气源,未部署钻探

1997—1998 年,在霸县凹陷信安镇地区开展了重力、磁法、电法、三维地震联合解释,发现

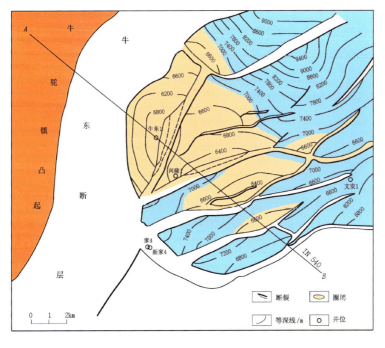

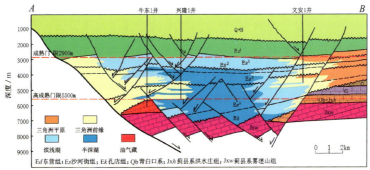

图 2-46　牛东 1 潜山构造平剖面图(据赵贤正等,2011)

了埋深 4 743.5m 的苏 49 潜山凝析气藏。

在此带动下,1998—2002 年,在牛东地区重新部署了高精度重力、磁法、二维-三维地震,开展了新老三维地震的连片处理,认识到存在深层断阶山的可能性较大,且被沙河街组四段—孔店组红色地层覆盖。当时霸县凹陷已知的主力烃源岩是沙河街组三段,且油气源与潜山没有接触,直接导致了油气源认识的不确定性。深层潜山钻探投资巨大,勘探再次搁浅。

3. 2005—2011 年,发现深层烃源岩,钻探洼中隆,实现突破

2005 年,霸县凹陷风险探井兴隆 1 井加深钻探至 5500m,发现了沙河街组四段—孔店组巨厚的中等—好烃源岩,并确立了该层系深层主力烃源岩的地位,解决了超深潜山勘探的关键问题。

2006 年,冀中坳陷大力实施以高精度二次三维地震勘探为标志的富油凹陷精细二次勘探,确立了包括深潜山及潜山内幕为重点的勘探战略,发现了长洋淀、肃宁、文安、孙虎等一批高产隐蔽型潜山油气藏。

2009年,在牛东地区开展高精度二次三维地震采集,通过叠前深度偏移处理,发现了3个断阶山,总面积达58km²。其中牛东1潜山埋藏最浅,高点深度为5640m,评价认为其早隆、早埋、早稳定,被沙河街组四段—孔店组优质烃源岩直接覆盖,油气源及保存条件有利。据此部署风险探井牛东1井,取得了重大突破。

2011年5月1日,对牛东1井蓟县系雾迷山组5641.5～6027m井段进行大型深度酸化压裂改造,16mm油嘴、63.5mm孔板放喷求产,获石油642.9m³/d,天然气56.3×10⁴m³/d的特高产,从而实现了霸县凹陷深层潜山的重大突破。

牛东1井深层潜山的发现,是在认识到深层发育优质烃源岩之后,随即开展高精度三维地震的叠前深度偏移处理,准确落实了潜山构造形态,优选埋深稍浅的有利山头,快速实现了突破,体现了从"油气源"→"油气运移"→"油气藏"的有序认识过程。

案例二:哈东洼槽

二连盆地哈东洼槽的勘探突破,经历了探潜山、探近源构造、探洼中鼻隆、老井复查继续探近源构造4个阶段,总体上遵循了从"源"到"藏"的指导思想和部署思路,但由于忽视了钻井过程中的油气线索,突破延迟了17年。

哈东洼槽是二连盆地阿南凹陷主洼槽向东北方向延伸的次级小洼槽,面积仅为150km²,基底最大埋深为3600m(图2-47)。它自成湖盆,存在边缘相带,沉积地层为下白垩统巴彦花群,自下而上划分为阿尔善组、腾格尔组一段、腾格尔组二段、赛汉塔拉组。

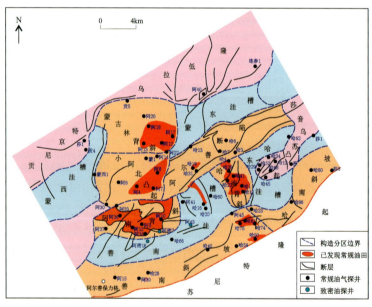

图2-47　阿南凹陷哈东洼槽区域构造位置图(据付小东等,2021)

哈东洼槽与阿南凹陷的生油主洼槽相连通,发育与主洼槽相同的烃源岩。烃源岩的埋藏深度比主洼槽要浅,烃源岩热演化程度低,低熟油占比大,油质偏重,油气以短距离运移为主(图2-48)。

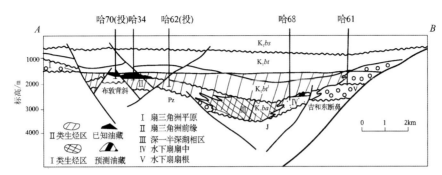

图 2-48　哈东洼槽近南东向构造油藏剖面图（据金凤鸣等，2000）

哈东次洼的突破过程，经历了 4 个阶段（金凤鸣等，2000）。

1. 1981—1983 年，类比任丘潜山，一探洼中潜山，圈闭不落实而失利

1981 年，借鉴任丘潜山勘探经验，首选面积较大的莎音乌苏潜山钻探了莎 2 井，在古生界凝灰岩、赛汉塔拉组砂岩都见到了油浸、油斑显示，但显示层薄，油质稠，试油出水。

1983 年，在莎 2 井的高部位钻探莎 1 井，无任何油气显示。后来认识到，莎 2 井所在的潜山高部位与凸起连通，不利于油气保存。初探失利。

2. 1985—1987 年，近源勘探，二探周边构造，忽视稀油显示而错过发现

1985 年，近洼钻探，环绕哈东生油洼槽，钻探构造幅度、面积均较大的布敦背斜和莎 5 鼻隆。

钻探洼槽南坡莎 5 鼻隆高部位的莎 5 井，腾格尔组一段—阿尔善组为厚层状砂砾岩，储集层过于发育，缺乏有效保存，仅见到 1 层厚 1.5m 的荧光显示，未下套管。

钻探洼槽北部阿尔善断层下降盘布敦背斜高部位的哈 12 井，油气活跃，但古生界裸眼提捞无产液。阿尔善组固井不合格，储层致密，测试无液面。腾格尔组一段固井不合格，油稠低产，酸化出水。之后的电测复查发现，哈 12 井漏掉了对阿尔善组稀油油层的解释，且位于含油范围之内。但当时对油气显示未进一步评价就停止了勘探，与突破失之交臂。

1987 年，继续近洼勘探，部署了 2 口井钻探断块圈闭。哈 23 井接近洼陷，储层不发育。哈 29 井处于哈 12 井所在的布敦背斜的近洼一侧较低部位，阿尔善组顶部见 3 层厚 14m 的油迹砂砾岩，认为储层致密，未解释油层，未下油层套管，没有引起足够重视。后期证实，哈 29 井与哈 12 井均处于布敦构造含油范围内。

由于阿尔善组的稀油显示未引起重视，哈 12、哈 29 两口井均与突破失之交臂。之后哈东洼槽的勘探停滞了 5 年。

3. 1993—1995 年，受临近油田启发，三探洼中鼻隆，油气运移不利而失利

在阿南凹陷南坡阿南主洼槽与哈东次洼槽夹持的吉和鼻隆获突破，发现了吉和油田。通过类比，在与吉和鼻隆并排的吉和东鼻隆上，先后钻探 2 口探井，但只有哈 68 井在阿尔善组顶部砂砾岩见到 1 层厚 7.6m 的荧光显示。后期研究认为，该构造是哈东洼槽油气运移的次要方向,前期二维地震资料品质较差,圈闭不落实。

哈东洼槽十几年共钻井9口,主要构造都已钻探,始终未获突破,自然对面积小、周边相带粗的哈东次级洼槽产生了怀疑,勘探再一次停滞。

4. 1997—1999年,老井复查,重上布墩背斜,获得突破

通过研究,重建了洼槽地质结构。重新研究构造、沉积演化史,深化与哈东洼槽相邻的吉和、哈达图油田的油源对比,确信属于哈东洼槽源岩供油。

重新复查哈12井认为,布敦背斜是洼槽中长期继承性古构造,是洼槽油气运移最主要指向,构造与砂体配置良好,腾格尔组一段中上部与腾格尔组二段大套泥岩作盖层,最为有利。优选布敦背斜的最高断块钻探哈34井,获得突破。

哈东洼槽面积小、资源规模较少,只有选择那些位于油气运移主要指向、近油源的有利砂体、长期继承性构造高点,才最容易发现油气藏。这一认识贯穿于哈东洼槽勘探突破过程的始终,说明勘探指导思想与部署思路是正确的。哈东次洼是二连盆地实现突破的第一个次级小洼槽,突破了以往在二连盆地主洼槽以外的次级小洼槽找不到油的传统观念。

哈东洼陷勘探历程曲折的主要原因,是对油气显示不敏感,同时,对圈闭成藏条件认识不清楚以及明知固井质量不合格,只因没获得工业油流就放弃,导致突破发现耗时17年。

案例三:徐深火山岩气田

松辽盆地深层徐家围子断陷徐深火山岩气田的发现,是在发现了深层煤系气源岩的基础上,前期寻找碎屑岩构造气藏未获大发现,进而转换思路,寻找火山岩岩性气藏,在深大断裂沟通的源内"凹中隆"上的火山岩体中获得了突破。

徐深气田位于松辽盆地北部东南断陷区的徐家围子断陷。徐家围子断陷面积为5350km²,属于西断东超的箕状断陷,从西向东发育陡坡带、隆起带、缓坡带(图2-49)。

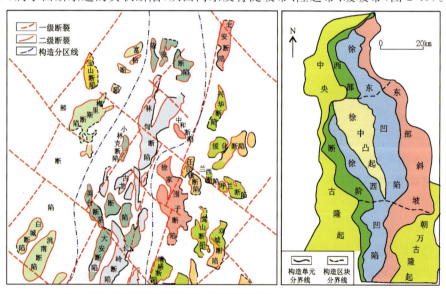

图2-49 徐家围子断陷区域位置及构造格局图(据龙伟,2017;闫百泉等,2020)

断陷期下白垩统火石岭组一段、沙河子组、营城组二段等湖相泥岩和煤层,是深层有效烃源岩。天然气以煤型气为主,兼有油型裂解气和深源无机气。火石岭组二段、营城组一段、营城组三段火山岩是3套主力储集层系。泉头组一段和二段、登娄库二段为两套区域盖层,火山岩顶部的下白垩统泥岩、致密火山岩(岩石密度一般大于 2.45g/cm³)为局部盖层。烃源岩与储层纵向上间互、空间上交错,形成了复杂的储盖组合。沟通气源岩与火山岩的断裂,为天然气纵向主要运移通道。

与砂岩、砾岩埋深大于3200m强烈成岩不同,深部火山岩主要分布于断陷边界大断裂附近,受成岩作用影响小,储层物性与岩性、岩相关系密切,3200m以下也有好储层。

钻井证实,绝大多数工业气流井的岩性为酸性火山岩。储集空间包括粒间孔、粒内孔、节理缝、微裂缝以及溶蚀孔等。喷溢相上部亚相、爆发相热碎屑流亚相的物性较好,喷溢相中部亚相、爆发相热基浪亚相的物性略低。

徐深气田以发育火山岩构造-岩性气藏为主,纵向多套气层叠置,总体为上气下水,没有统一的气水界面。气柱高度超出构造幅度,岩性控藏作用明显。受不同火山机构控制,平面上气层连通性差(图 2-50)。

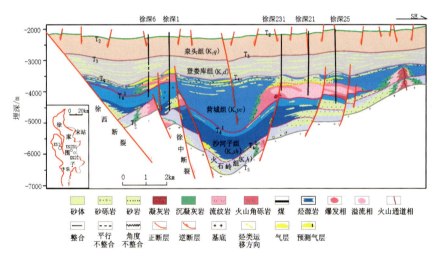

图 2-50　过徐深1井—徐深25井近南东向气藏剖面(据赵泽辉等,2014)

松辽盆地断陷层系的油气勘探始于20世纪70年代中期,由于深层地质结构复杂、断隆相间、埋藏深、地温高、成岩作用强,产生了目标找不准、岩石可钻性差、特殊岩性储层定名评价困难、增产改造难度大等难题。

徐深气田的发现,经历了3个阶段(齐井顺,2007;张亘稼等,2019)。

1. 1976—1985 年,深层区域勘探,钻探构造高部位,未发现白垩系气藏

大庆油田发现之后,在勘探外围中浅层时,发现了来自深层煤系源岩的天然气。

1976年,开始深部勘探,并把下白垩统泉头组二段及其以下地层称为深层。

至1985年,针对深部构造高部位,完成深层探井15口,初步了解松辽盆地北部深层构造格局、地层展布、烃源岩发育和储层特征,发现了肇州西基岩风化壳气藏。

2. 1986—2000年，断陷评价勘探，钻探碎屑岩储层，发现小型构造气藏

攻关厘定了深层地层层序、断陷分布及规模、构造演化史，认识到火山岩和砾岩可作为深部储层，确定徐家围子断陷为深层天然气最有利勘探区。同时，针对古中央隆起带、常家围子-古龙断陷带、莺山-双城断陷带和滨北的较大断陷开展了评价性钻探。

钻探徐家围子断陷带周边，发现了昌德、汪家屯-升平深层、昌德东、汪家屯东等气藏，各级地质储量 $288.38 \times 10^8 \mathrm{m}^3$。1995年，盆地北部升平地区的升深2井在火山岩中获得日产 $32 \times 10^4 \mathrm{m}^3$ 的高产天然气流，但当时并未认识到是火山岩气藏，而是解释为砂砾岩。后来在昌德东下白垩统火山岩中发现 CO_2 小气田，受此启示，松辽盆地针对火山岩的油气勘探才逐步展开。

3. 2001—2014年，转向火山岩岩性圈闭，钻探断陷"凹中隆"，获突破

"十五"期间，三大难题成为制约松辽盆地深层火山岩勘探的关键：一是没有可借鉴的经验，没有现成的理论，没有成型的配套技术；二是火山岩储层识别难、预测难，砂岩预测方法不适用；三是与国内其他气田相比，松辽深层地温高、岩石硬度大、岩性复杂，气藏地质条件特殊，钻井、压裂、试气等施工难度大。

为此，勘探人员边攻关、边实践，创新了资源、储层、成藏3个认识，发展了目标、岩性、气层3个识别技术，完善了地震、钻井、增产改造3项配套工艺技术。在此基础上，勘探思路实现了从构造向火山岩岩性圈闭的转变，勘探目标实现了从常规砂岩储层向砂砾岩、火山岩等特殊储层转变。

徐家围子断陷具备好的烃源岩条件，火山岩发育，烃源岩、火山岩储层、区域盖层在纵向上形成了良好的生、储、盖组合，有利于大气藏的形成。近气源区是最有利勘探方向，徐家围子断陷中部兴城地区的大型鼻状隆起"凹中隆"，位于紧邻生烃断槽的断裂构造带之上，是深部断陷层天然气聚集的最有利区。

2001年，在徐家围子断陷中部升平-兴城构造带部署了徐深1井（图2-51）。

2002年，徐深1井在营城组火山岩中获得天然气 $54 \times 10^4 \mathrm{m}^3/\mathrm{d}$ 的高产气流，发现了大型火山岩气藏——徐深气田，成为松辽盆地深层天然气战略突破的标志，也拉开了松辽盆地深层火山岩气藏勘探的序幕。

2004年，徐家围子断陷徐深6井、徐家围子断陷与安达断陷过渡带上的汪深1井等一批探井，相继在营城组火山岩中获得高产工业气流。

2005年，徐深1井、徐深8井、徐深9井、升深2-1井4个区块，共提交探明天然气地质储量 $1019 \times 10^8 \mathrm{m}^3$。

2006年，徐家围子东部地区和安达地区火山岩勘探再次获得突破，徐东斜坡带的徐深21井在营城组一段火山岩，压裂后获得天然气 $41.420\,6 \times 10^4 \mathrm{m}^3/\mathrm{d}$；安达地区达深3井和达深4井也在中基性火山岩中获工业气流。

2007年，徐家围子断陷南部肇州地区的肇深12井，在营城组一段火山岩层压裂后日产 $17\,398\,\mathrm{m}^3$ 低产气流；徐深19井在营城组一段钻遇大套火山岩井，测井及综合解释为厚层气层。

截至2014年，徐家围子断陷深层已提交天然气探明地质储量逾 $2000 \times 10^8 \mathrm{m}^3$。

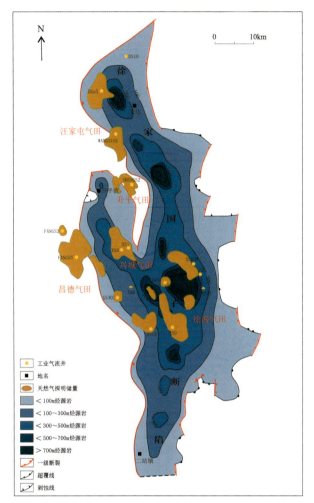

图 2-51　徐深气田位置图（据赵泽辉等，2014）

第六节　攻克难点，曲折突破

有的地区难以获得勘探突破，并不是缺乏油源、储层、圈闭等条件。尽管成藏条件有利，但在勘探过程中，总有资料能力、认识水平达不到的地方，导致主观判断与客观实际不一致而出现"意外"，难以准确把握某一项关键成藏条件。聚焦难点问题，集中力量进行攻关，问题解决之时，也就是勘探突破之日。

案例一：五百梯石炭系气藏

四川盆地川东高陡构造带五百梯石炭系气藏的发现，是在构造气藏勘探阶段，采用高陡构造地震 F-K 偏移处理技术，较为准确地落实了断背斜构造形态的基础上实现的突破。邻区发现了石炭系白云岩孔隙型储层高产气层，实现了由勘探裂缝型储层向孔隙型储层的转变，也带动了五百梯气田的发现。

五百梯石炭系气田位于四川盆地川东高陡构造带中部、印支期开江古隆起的东北斜坡，是大天池构造带北倾末端东翼断层下盘的潜伏构造，为短轴状背斜。北东长轴方向长约24km，北西短轴方向宽约6.5km(图2-52)。

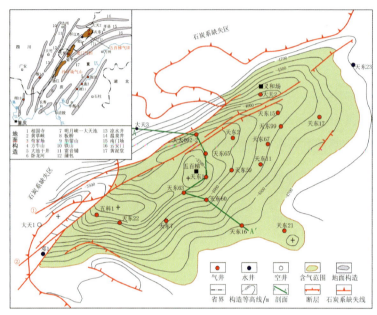

图2-52　五百梯气田构造位置与石炭系含气分布图(据沈平等,2009)

大天池构造带，位于川东局限海湾沉积区中部中央隆起带东侧边缘区，具有明显的微地貌优势。云南运动导致石炭系长期剥蚀，残留地层为上石炭统黄龙组，在川东地区分布面积约$5×10^4 km^2$(图2-53)。在五百梯构造上，石炭系局部缺失，在构造上倾方向被地层剥蚀线完全遮挡，为古隆起斜坡带上的大型构造-地层复合整装气田，气水界面为-4700m。

五百梯气田主力气层为二叠系长兴组和石炭系黄龙组。其中，气田范围内石炭系黄龙组地层厚度为0～42m，主要岩性为角砾白云岩、颗粒砂屑白云岩、粉晶白云岩、泥—细晶灰岩、石膏等。黄龙组发育的海湾浅滩微粒屑白云岩为有利储层，后生成岩作用彻底，溶孔发育。储层纵横向连续、成层、大面积分布。孔、洞、缝发育，有效孔洞密度为5064个/m，岩心面孔率为3%～8%，有效裂缝密度为1023条/m。储层非均质性较强，基质渗透率为$(0.01～97.8)×10^{-3}μm^2$，平均为$0.77×10^{-3}μm^2$。

黄龙组气源岩为下伏的志留系黑色页岩和深灰色泥岩，直接盖层为上覆的下二叠统梁山组铝土质泥页岩(图2-54)。

五百梯石炭系气田的发现，经历了3个阶段(沈平等,2009;蒋和煦,2011)。

1. 1977年，邻区发现石炭系高产气层，勘探重点由裂缝型转向孔隙型储层

1957年，在卧龙河构造发现了石炭系黄龙组含气层。

1977年4月，川东相国寺构造的相8井钻遇石炭系白云岩溶孔储集层，引起了重视。

1977年10月，相8井加深钻探，测试获得天然气$85.05×10^4 m^3/d$。

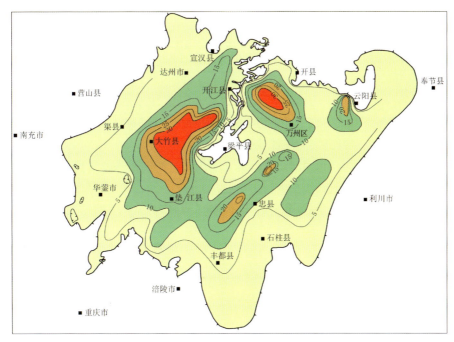

图 2-53　川东地区石炭系储层有效厚度分布图（据马永生等，2010）

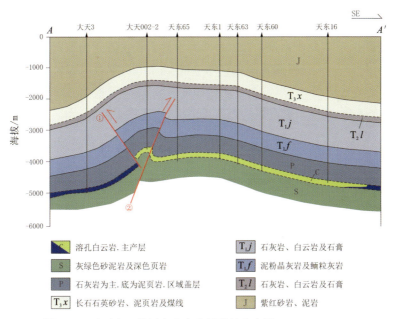

图 2-54　过天东 1 井近南东向地层岩性分布图（据沈平等，2009）

此后，川东地区全面勘探石炭系，对象主要是一批中隆、低潜构造，如相国寺、卧龙河、福成寨、张家场等，勘探重点从裂缝性储层转向孔隙性储层。

2. 1977—1988 年,勘探高陡构造,由于构造归位不准确,相继失利而停顿

这期间,钻探大池干井、南门场、大天池、板桥、蒲包山等一批高陡构造,相继失利。大多是钻入构造复杂带而失利,如门 1 井、门 2 井、板 1 井、池 3 井、邓 1 井等。

其中,1979 年 4 月,四川石油管理局在天池构造带北段东翼下盘的高点上钻探邓 1 井(图 2-55b),结果钻入下盘的断凹之中,石炭系测试日产水 6.5m³。邓 1 井钻探失利,揭示出大天池构造带的复杂性以及地层的局部缺失、减薄。

由于没有寻找到有效的构造解释方法,大天池构造带的勘探停顿了近 10 年,但勘探人员同时也认识到,必须解决地下构造形态的正确归位问题。

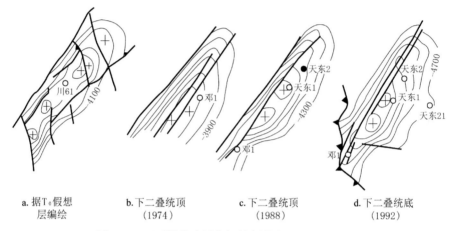

a. 据 T₀ 假想层编绘   b. 下二叠统顶(1974)   c. 下二叠统顶(1988)   d. 下二叠统底(1992)

图 2-55　五百梯构造历次解释成果图(据沈平等,1998)

3. 1986—1994 年,建立川东高陡构造带构造模式,获重大突破

20 世纪 80 年代中后期,中国石油天然气总公司四川石油管理局勘探部门开展了一轮孔隙储层(石炭系、飞仙关组)的基础研究。

1986—1987 年,开展了地震连片详查,完成了 5 条横贯东西七排高陡构造带的地震剖面,基本弄清了川东隔档式高陡构造的地腹格局。石炭纪晚期在现今的川东地区形成一个局限海湾,垫江、达州市达川区、万州为沉积洼陷区,开江-梁平为中央隆起带(即"三凹一隆")。围绕中央隆起带和凹陷边缘斜坡区,是石炭系勘探有利区。此次详查基本落实了五百梯构造。

大天池-明月峡构造带是典型的川东高陡构造,两翼倾角甚至直立倒转,主体出露灰岩,地形高差为 800~1000m。为此,采用山区静校正、叠前叠后去噪、高陡构造偏移技术(如 F-K 偏移、变速射线偏移、串级偏移、叠前偏移等)等,构造得到正确归位。

1988 年,选择大天池干井构造带为突破点,重新编制了石炭系顶面构造图(图 2-55c),发现非对称型高陡构造带地腹中存在主体高带、主体断凹、陡翼外侧潜高带、缓翼外侧潜伏高点(图 2-56)。

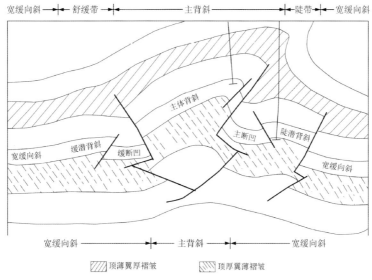

图 2-56　川东高陡构造主体段垂向变异地质模式(据沈平等,1998)

1989 年 1 月,优选五百梯潜伏构造高点部署了天东 1 井、天东 2 井,在龙门潜伏构造部署了天东 4 井。完钻后,天东 1 井石炭系酸后测试,获得天然气 $111.82\times10^4 m^3/d$;天东 2 井获得天然气 $88.78\times10^4 m^3/d$,均为高产工业气流;天东 4 井也获工业气流。至此,发现了川东地区首个大型气田——五百梯气田。

至 1993 年,在五百梯潜伏构造及大天池构造北端的义和场高点共完成探井 16 口,探井成功率达 75%,探明含气面积 $140.45 km^2$,探明储量 $539.88\times10^8 m^3$。

五百梯石炭系气藏的发现,揭示出大天池-明月峡构造带良好的勘探前景。随即开展整体评价,按先大后小、先易后难的原则整体部署。

1994 年勘探龙门-明达潜伏高带,1995 年开始重点勘探沙坪场潜伏高带,相继在主体高带的明月北、天池铺、肖家沟,构造带西缓翼的安仁、大树坝、观音桥等发现了一批中小型气田。

除了石炭系气藏之外,五百梯气田还发育长兴组生物礁气藏。长兴组气藏勘探发现于 1989 年,在天东 2 井钻探过程中,于井深 3780m 处首次发现长兴组生物礁相孔隙性白云岩,对井段 3 738.5～3 843.0m 中部测试,获得天然气 $3.60\times10^4 m^3/d$。1990 年 6 月,在同井场的长兴组专层井天东 10 井,完井酸后测试获得天然气 $29.15\times10^4 m^3/d$。1992 年 5 月,钻探石炭系目的层的天东 21 井,在长兴组又钻遇生物礁气藏,中部测试获得天然气 $23.56\times10^4 m^3/d$。以后陆续多口井钻遇生物礁气藏且测试获气。1999 年,长兴生物礁气藏探明储量 $47.23\times10^8 m^3$。2004 年部署的滚动勘探井天东 74 井长兴生物礁获得天然气 $58.97\times10^4 m^3/d$。五百梯长兴组生物礁含气范围进一步扩大。

案例二:柯东 1 凝析气藏

塔西南坳陷昆仑山前逆冲构造带柯东 1 凝析气藏的突破,先是钻探发现了白垩系克孜勒苏群—古近系区域优质储盖组合,实现了勘探目的层由新近系向白垩系的转变;之后深化认识柯东断裂构造带,实现了勘探方向由盆地前缘背斜向前陆冲断带的转变;通过地震攻关,最后落实了深层构造,优选近源目标,部署了柯东1井获得发现。

塔西南坳陷为早古生代被动大陆边缘与中新生代前陆的叠合盆地。柯东1凝析气藏处于塔西南前陆盆地前陆逆冲带的柯东高陡断裂构造带(图2-57、图2-58)。

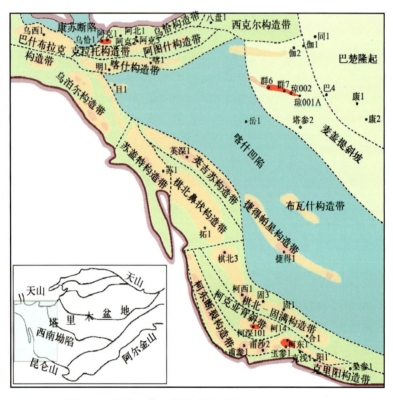

图2-57 柯东1井区域构造位置图(据杜金虎等,2011b)

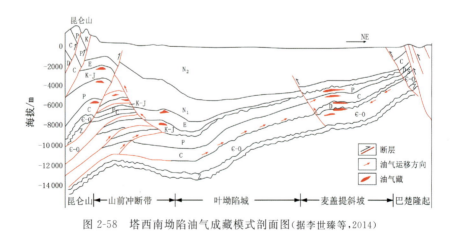

图2-58 塔西南坳陷油气成藏模式剖面图(据李世臻等,2014)

柯东断裂构造带走向由北西-南东向转为东西向,西南为西昆仑山造山带,东北紧邻叶城凹陷,东西长180km,南北宽13～20km,勘探面积为3600km²。柯东断裂构造带南北分带、东西分段。冲断带由南向北,发育由浅到深相互叠置的3排构造;自东向西可分为柯东、普东、普西3段。

柯东断裂构造带发育受高角度基底卷入式断裂控制的楔状叠瓦扇,其根部向南延伸收敛在基底卷入的高角度逆冲断层上,叠瓦扇前缘收敛在中生代和新生代地层接触界面上,发生滑脱减薄形成逆冲构造。

柯东1凝析气藏位于东部的柯东构造段,是受基底卷入断层控制的隐伏背斜。柯东1构造由深部的断层转折褶皱与浅部的构造三角带组成,为典型的挤压构造。构造的南翼受南倾逆冲断层控制,断距较大,地表背斜破坏严重,其下发育柯东1隐伏背斜,为断层转折褶皱。在白垩系顶面构造图上,为一近东西走向的短轴背斜,长轴长约9.4km,短轴长约2.9km。背斜高点海拔－1750m,溢出点－2046m,圈闭面积为20km²(图2-59)。

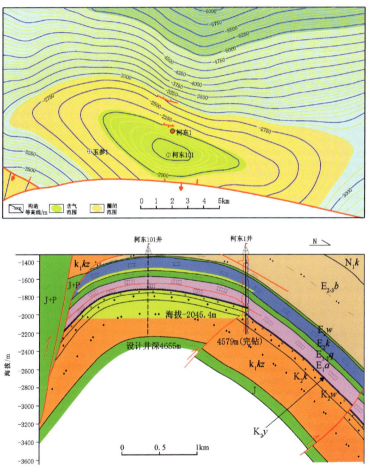

图2-59　柯东1凝析气藏构造平剖面图(据杜金虎等,2011b)

柯东1井的油气,主要来自二叠系烃源岩(图2-60)。柯东1井位于玉参1井北东方向,钻探的挤压逆冲背斜构造位于叶城凹陷二叠系生烃中心附近,油气源充足。

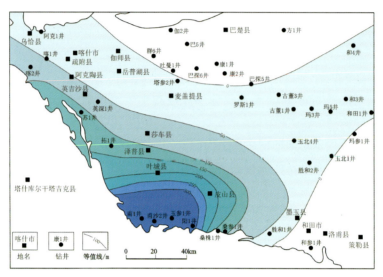

图 2-60　塔西南坳陷二叠系烃源岩厚度等值图（据李世臻等，2014）

储层为下白垩统克孜勒苏群，其为冲积扇-辫状河三角洲砂体，厚 250～400m，储集空间以原生粒间孔、粒间溶孔、粒内溶孔为主。柯东 1 井储层孔隙度为 3.1%～12.2%，平均 8.17%；渗透率为 $(0.05～0.19)×10^{-3}\mu m^2$，平均 $0.11×10^{-3}\mu m^2$。上白垩统含灰泥岩、古近系厚层膏岩为柯东 1 井区的有效盖层。白垩系—古近系的区域储盖组合，在柯东断裂构造带广泛分布。

塔西南坳陷及昆仑山前油气勘探始于 20 世纪 50 年代，至 2010 年柯东 1 井突破，可分为 6 个阶段（何登发等，1998；刘楼军等，2002；胡剑风等，2002；李毓芳等，2002；杜金虎等，2011b；张亘稼等，2017）。

1. 1958—1977 年，开展地面调查，钻探浅层构造，发现柯克亚中新统凝析油气田

昆仑山前地面油苗丰富，所以初期加大了山前带的勘探。以地面地质调查为主，针对英吉沙、固满、甫沙等构造，实施了浅井 20 余口。

1976 年，利用垂向电测深剖面发现了柯克亚背斜，2 月份确定了柯参 1 井井位，5 月份开钻。

1977 年 5 月 17 日，柯参 1 井钻至 3 783.1m 中新统时，发生强烈井喷。初期日产油 1000m³、气 $270×10^4m^3$，从而发现了柯克亚浅层中新统凝析油气田，探明天然气储量 $301×10^8m^3$、油储量 $2298×10^4t$。这是塔里木盆地第一个凝析油气田。

2. 1978—1983 年，类比柯克亚，开展"马蹄形战役"，深浅构造不一致而失利

柯克亚高产油气田的发现，引发了南疆石油大会战，称为"马蹄形战役"。在喀什凹陷、叶城—泽普地区、棋北鼻状构造进行地震勘探，对 24 个构造和地区钻井 47 口。

1978 年 11 月 21 日，柯克亚背斜上的柯 10 井在钻井过程中发生强烈井喷，初期日喷原油 2540m³、天然气 $2000×10^4m^3$。

1979年11月5日,柯9井井喷,初期日产原油525m³,天然气1400×10⁴m³。由此断定,柯克亚油气田属大型凝析油气田。

除此之外,其余井都是空井。究其原因,是山前带构造复杂,深浅层构造不一致;地面背斜高点,与地下背斜高点相差甚远。

1983年初会战结束,一直到1989年,塔西南坳陷油气勘探基本处于停滞状态。

1984年9月22日,塔北沙参2井钻至5391.18m,在奥陶系顶部白云岩发生井喷获特大高产油气流。估算初期日产油1000m³、气200×10⁴m³,发现了雅克拉凝析油气田,是首次发现的中国陆地海相油气田。塔里木盆地的油气勘探重点随之北移。

3. 1990—1994年,开展塔西南坳陷区域勘探,突破了古近系、石炭系出油关

1989年,塔里木勘探开发指挥部成立。这期间,在塔东勘探热潮带动下,针对整个塔西南坳陷钻探井15口。

1991年12月,柯深1井开钻。该井于1994年8月完钻,井深6481m。柯深1井在柯克亚构造带发现了古近系卡拉塔尔组灰岩高产油气流,突破了古近系出油关。同时,在麦盖提斜坡带的巴什托普油田发现了石炭系生物碎屑灰岩油藏,突破了石炭系出油关。

4. 1995—1996年,多家单位密集勘探昆仑山前带,构造不落实,未突破

多家单位同时在塔西南地区开展油气勘探工作,两年共钻井11口,仅发现了山1井下奥陶统工业气流、康1井石炭系油气显示等。

在昆仑山前构造带钻探了英吉沙、苏盖特、托帕、棋北、柯克亚(深层)、克里阳、皮牙曼、策勒等构造,未获发现。

5. 1998—2001年,探昆仑山前带白垩系—古近系储盖组合,构造不落实,未突破

经过综合研究,确定了白垩系克孜勒疏群砂岩为塔西南地区的勘探主要目的层。先后在昆仑山前冲断带钻探了柯深101井、苏1井、阳1井、甫沙2井等探井。柯深101井、甫沙2井证实了白垩系克孜勒疏群砂岩-古近系的储盖组合。柯深101井在白垩系见低产气流,但由于地震、钻井技术不过关,构造落实程度差,始终未突破。

在喀什凹陷的阿克莫木构造部署了阿克1井,设计井深3500m,主要目的层是白垩系,钻探的目的是探索古近系与白垩系优质储盖组合。

2001年3月20日,阿克1井开钻,同年7月14—7月22日,对井段3225.80~3341.00m中途测试,用8mm油嘴获得天然气143320m³/d,从而发现阿克莫木气藏,首次在白垩系克孜勒苏群优质砂岩获得天然气勘探的重大突破,成为塔西南地区自1977年发现柯克亚油气田之后的又一重大突破。

6. 2001—2010年,强化地震攻关,落实深层构造,柯东1井实现突破

昆仑山前已经钻探了几十口井,未获突破。主要原因:一是山前冲断带地表条件复杂,地形起伏大、砾石层厚、地下断裂发育、地层倾角陡,造成地震资料信噪比低,偏移归位不准确;二是对山前冲断带不同地段构造模式、构造特征及演化的认识还不深入。

2001年开始,先后进行了山地直测线、宽线、宽线+高覆盖、宽线+双大组合地震攻关。

2008—2009年,加密地震测线,在山前冲断带初步落实了5个背斜构造,优选了落实程度较高且临近油气源的柯东构造带1号构造。2009年7月,部署钻探了风险探井——柯东1井,设计井深4900m。

2009年7月13日,柯东1井开钻,2010年3月4日,钻至井深4579m完钻,井底层位为白垩系克孜勒苏群(未穿)。2010年4月,对白垩系4286～4425m井段测试,3mm油嘴求产,油压51.16MPa,折算日产油31.17m³,天然气52 113m³。

柯东1井的突破,发现了柯东1凝析大气田,天然气地质储量280×10⁸m³,凝析油地质储量1400×10⁴t。这是昆仑山前高陡构造30年来首次取得重大突破。

柯东1井的突破,得益于3方面条件:一是前期钻探发现了白垩系克孜勒苏群-古近系区域优质储盖组合,实现了勘探目的层由新近系向白垩系的转变;二是柯东断裂构造带的认识,实现了勘探方向由盆地前缘背斜向前陆冲断带的转变;三是开展地震攻关,落实了深层构造,部署了柯东1井井位。

案例三:塔河-轮古油田

塔河-轮古油田的勘探突破发现过程,前后经历了打构造、探(地震)异常、钻岩溶、找准层状缝洞的认识过程,在没有先例可循的情况下,攻克了诸多理论技术难题,落实了奥陶系准层状岩溶缝洞型潜山油藏,兼探发现了石炭系、三叠系等含油层系,找到了我国最大的特大型油气田。

塔河-轮古油田位于沙雅隆起轮南低凸起(阿克库勒凸起)及其斜坡上。阿克库勒凸起西邻哈拉哈塘凹陷,东靠草湖凹陷,南接顺托果勒隆起,东南为满加尔坳陷(图2-61)。

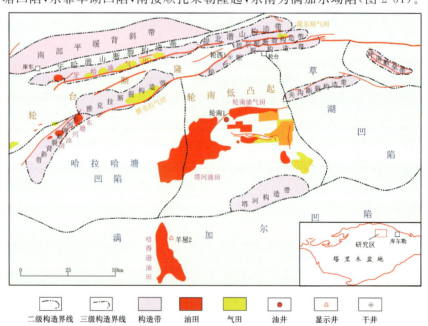

图2-61 塔河-轮古奥陶系油气田位置图(据周新源等,2009)

阿克库勒凸起是以寒武系—奥陶系为主体的长期继承性大型古凸起,面积达5800km²,奥陶系潜山闭合高度为650m。加里东晚期形成雏形,海西早期受区域性挤压快速抬升,形成向西南倾伏、北东向展布的大型鼻凸(图2-62)。轮南、塔河两个油田同处于一个大型潜山隆起之上,空间上连成一体,为不整合面控制的奥陶系碳酸盐岩风化壳岩溶洞缝型大油田。

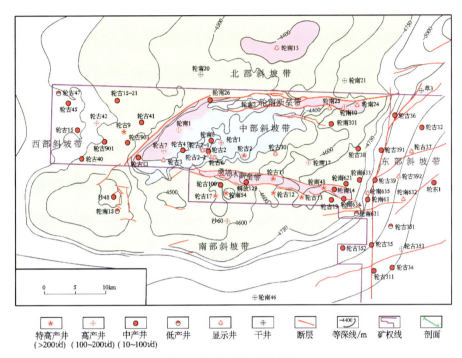

图 2-62　阿克库勒凸起奥陶系顶面构造图(据周新源等,2009)

纵向上,油气分布不受潜山顶面构造高点及闭合高度的控制,而是富集在奥陶系碳酸盐岩风化面以下200m内,局部可达300m。油气层底面深度从潜山顶部轮南1井的5038m,到低部位艾丁4井的6558m,以及轮古34井的6707m,跨度近1670m。油气藏剖面上呈似层状、蜂窝状集合体,各油气藏没有统一的油水界面(图2-63)。

平面上,凸起主体缺失泥盆系、志留系及上奥陶统,中奥陶统受到不同程度剥蚀。早石炭世海水广泛侵入,石炭系广泛超覆,三叠系形成低幅度构造。油气从东南到西北,分别为天然气、凝析油、正常油、重质稠油(图2-64)。

三叠系储层以中细粒长石石英砂岩为主,储层物性良好,分布稳定。

石炭系东河砂岩储层以滨海岸相细粒石英砂岩、岩屑石英砂岩和长石岩屑砂岩为主,物性普遍较好,是塔里木盆地最好的砂岩储层。

上奥陶统为海相混积陆棚沉积,寒武系—中下奥陶统主要为碳酸盐岩台地沉积。奥陶系发育大型碳酸盐岩潜山岩溶风化壳储集体,沿风化壳呈准层状大面积分布。

碳酸盐岩岩溶储层非均质性极强,由众多溶洞-裂缝单元组成复杂的洞缝网络系统。纵向上,可划分出一个垂直岩溶渗滤带和两个水平岩溶带。平面上,可划分出岩溶高地、斜坡、凹地;岩溶斜坡带的洞缝最发育。斜坡上的残丘一般比低洼处的储集性能好(图2-65、图2-66)。

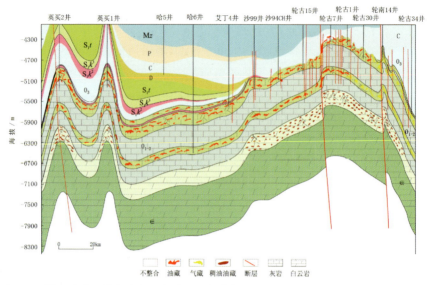

图 2-63　塔里木盆地塔北隆起及斜坡区油气藏剖面(剖面线见图 2-62)(据杜金虎等,2013)

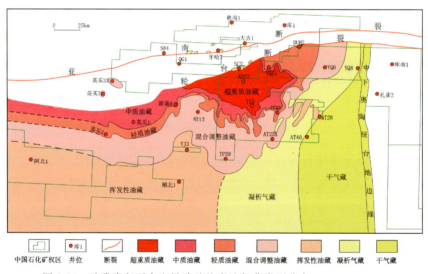

图 2-64　沙雅隆起下古生界碳酸盐岩油气藏类型分布(据漆立新,2014)

阿克库勒古潜山被哈拉哈塘、满加尔、草湖三大生烃凹陷所环抱,作为长期继承性古隆起,是油气长期运移指向区。奥陶纪碳酸盐岩油气藏中原油主要来源于中—上奥陶统,天然气主要来源于寒武系。奥陶纪存在3次油气充注期,即加里东晚期—早海西期、海西晚期、喜马拉雅期。

古隆起潜山由东南向西北,依次为石炭系中泥岩段、标准灰岩段、上泥岩段乃至三叠系所覆盖。斜坡部位,塔河油田奥陶系直接盖层为下石炭统巴楚组双峰灰岩及下泥岩段。塔河油田南部发育中—上奥陶统泥灰岩、灰质泥岩段等局部盖层。潜山最高部位,三叠系—侏罗系砂体直接覆盖在潜山碳酸盐岩之上,形成泄漏区,导致油气动态聚集形成准层状油气藏(图 2-63、图 2-66、图 2-67、图 2-68)。

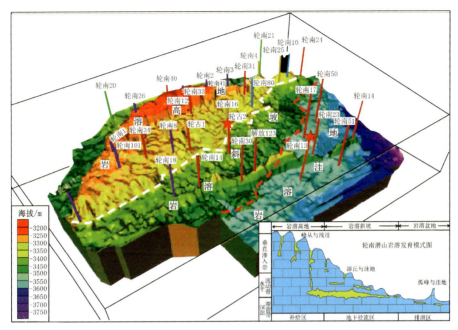

图 2-65 阿克库勒古隆起海西期古地貌图(据周新源等,2009)

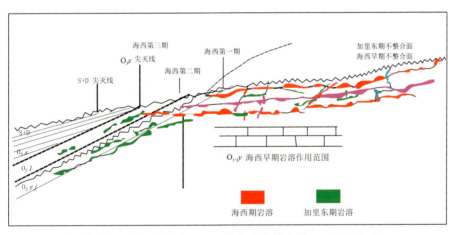

图 2-66 塔河奥陶系岩溶储层纵向分布模式图(据翟晓先,2006)

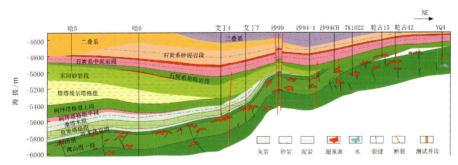

图 2-67 塔河-轮古奥陶系潜山西斜坡近北东向油藏剖面(据梁狄刚,2008)

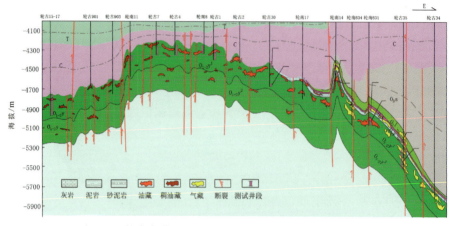

图 2-68　轮南古潜山油藏近东西向油藏剖面（据梁狄刚，2008）

沙雅隆起开展海相层系勘探，直到塔河-轮古油田的突破与探明，经历了以下 5 个阶段（梁狄刚，1998，1999，2008；张抗，1999，2003；周玉琦等，2001；黎玉战等，2004；康玉柱，2005；翟晓先，2006，2011；周新源等，2009；漆立新，2014；田军等，2021）。

1. 1978—1984 年，按照构造控油理论，探索雅克拉构造带，突破古生界海相

1978 年 5 月，地质部成立了新疆石油普查勘探指挥部，现为中国石化集团西北石油局有限公司。

1980 年初，根据地质力学构造体系控油理论，将勘探重点转移到沙雅隆起。

1983 年 5 月，根据西北石油局的二维地震新资料，在沙雅隆起轮台大断裂上升盘轮台断隆上的雅克拉构造带部署了沙参 2 井，主要目的是建立本区地层层序，力争在古生界发现古潜山型油气田（图 2-69）。轮台断隆与轮台大断裂下降盘的轮南（阿克库勒）低凸起分属两个不同的构造单元。轮台断隆缺失石炭系，而轮南（阿克库勒）低凸起保存有石炭系。

1984 年 9 月 22 日，沙参 2 井钻至 5391m 处的奥陶系，试获原油 1000 m^3/d，天然气 $200 \times 10^4 m^3$/d，实现了中国古生界海相油气的首次重大突破。

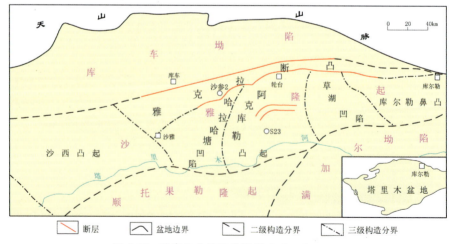

图 2-69　沙参 2 井构造位置图（据康玉柱，2005）

2. 1987—1989年,建立盆地大剖面,探索石炭系—二叠系地震异常体,突破三叠及奥陶系

1983年,石油工业部组建沙漠地震队,历时两年,完成纵贯塔里木全盆地19条区域地震大剖面,首次发现并描述了轮南"石炭系—二叠系地震异常体(可疑礁群)",即轮南低凸起,又称"轮南古隆起"。

1986年,中国石油新疆油田公司根据等T_0图(图2-70),在隆起西高点部署了轮南1井,目的是解剖轮南1号异常体地质特征及含油气性,兼探上覆中生界及异常体之下的古生界隆起含油气性。

1987年3月27日,轮南1井开钻。完井后,1987年9月21日,对4913~4926m井段用12.7mm油嘴求产,折合获得原油65.76m^3/d,天然气8.19×$10^4 m^3$/d,首次发现了沙雅隆起三叠系主力含油气层系。

1988年5月23日—1988年5月27日,对轮南1井奥陶系油气显示活跃的5038.00~5107.46m井段中途测试,9.525mm油嘴,获得原油14.47m^3/d。

1989年3月27日—1989年4月2日,对轮南1井奥陶系5038.00~5085.51m井段酸化测试,11.11mm油嘴,折合获得原油97.46m^3/d,发现了轮南奥陶系碳酸盐岩潜山油田。这是中国第一个海相碳酸盐岩特大型油气田。

轮南1井缺失石炭系—二叠系,证实钻前预测的地震异常体并不存在,但却证明了轮南古隆起是发育多套含油层系的大型复式油气聚集区。

1989年4月,成立了中国石油塔里木会战指挥部(简称"塔指"),随即以奥陶系碳酸盐岩为主攻目的层,提出了"建立两个根据地(轮南、英买力地区),打出两个拳头(塔中1井、塔东1井)"的勘探方针。

3. 1990—1994年,变速成图,落实塔河-轮古潜山构造形态,逐步证实整体含油

1989年,在轮南断垒带北侧钻探了轮西2井,奥陶系顶面深度比设计浅了1000m(图2-70)。钻探表明,轮南奥陶系顶面断垒带以北,不是之前地震剖面上看到的南倾,而是北倾。原因是,地震速度由南向北以9.5km/s的梯度增大,而地震时间剖面上反射层的向北抬起是假象。

1989年5月,塔指对轮南低凸起重新变速成构造图,结果发现奥陶系顶面是一个北东走向的大型潜山隆起,东西南北倾向都很清楚。顶部被轮南、桑塔木两个东西向断垒复杂化。奥陶系上覆石炭系,潜山内幕是完整的背斜,有利面积为2450km^2(图2-71)。轮南潜山顶面构造形态,由之前认为的向南倾伏的鼻状潜山,还原为一个向四周倾没的潜山隆起。

1989年,在构造较低的中部斜坡区迅速钻了轮南8井,完井酸化测试,折算获得原油564.8m^3/d,天然气18.9864×$10^4 m^3$/d。油气不受构造高低控制,从而初步形成了潜山整体含油的认识。

1989年下半年开始,塔指重点解剖轮南潜山,整体部署了14口探井。其中,有12口完钻测试获工业油气流,充分证明了潜山整体含油。

从1989年下半年到1993年6月,塔指钻揭轮南奥陶系的探井达到40口,其中获工业油气流井16口。其中,1990年9月24日,向南甩开,在南部斜坡带羊塔克潜山背斜(现塔河油

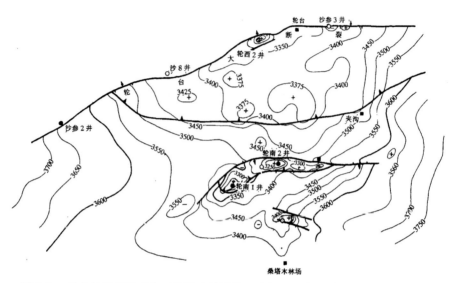

图 2-70　轮南地区石炭系底面地震反射层等 T_0 图（1989 年初编图）（据梁狄刚，1998）

图 2-71　轮南地区奥陶系潜山顶面变速构造图（1989 年 6 月编制）（据梁狄刚，1998）

田四区）钻探了轮南 15 井（距离沙 48 井仅 2.25km），在奥陶系顶部 5 430.7～5666m 井段裸眼中途测试，日产油 24.83m³。这是塔河油田范围内的第一口奥陶系工业油流井。

1994 年底，计算并申报了轮南奥陶系预测石油地质储量 $2185×10^4$ t，初步预测油气资源量约 $3.5×10^8$ t。轮南潜山大面积含油的轮廓初露端倪。

由于储层预测精度较低，非均质碳酸盐岩储层分布不清，对孤立的"鸡窝状"或"云朵状"

油藏认识不清,且油气水分布复杂,出现了轮南 24、轮南 25 等一批干井、低产井和水井。塔指组织的勘探陷入低潮,轮南潜山的整体解剖被迫告一段落。

1988 年 7 月 28 日,西北石油局在轮南低凸起桑塔木断垒带的沙 14 井,中途测试奥陶系顶部 5289~5 373.27m,畅喷 30min,折算获原油 190m³/d,天然气 1×10⁴m³。完井试油,6.35mm 油嘴,获原油 27.9m³/d,天然气 638m³/d。沙 14 井是轮南低凸起第二口奥陶系工业油流井。

1989—1991 年,西北石油局除沙 14 井外,在距沙 14 井 3.2km 的沙 17 井、轮南断垒上的沙 9 井也获得工业油气流。

1990 年 10 月 22 日,西北石油局在沙雅隆起艾协克构造(塔河三区)的沙 23 井,在下石炭统试获原油 30.96m³/d,天然气 3.18×10⁴m³/d 的高产油气流,在中奥陶统一间房组也见油气显示。这是西北石油局在塔河油田的第一口发现井(图 2-72)。

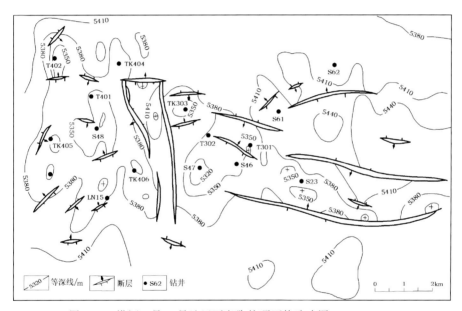

图 2-72 塔河 3 号、4 号油田下奥陶统顶面构造略图(据张抗,1999)

1991 年 9 月 3 日,西北石油局在桑塔木构造(塔河一区)上的沙 29 井三叠系获原油 39.6m³/d,天然气 9.75×10⁴m³/d。这是西北石油局在塔河油田的第二口发现井。

因奥陶系成藏复杂、产量复杂、油水复杂、技术不到位,从 1992 年到 1996 年 8 月,西北石油局未在塔河-轮古地区奥陶系进行钻探。

4. 1996—1997 年,平行勘探,重点寻找准层状岩溶缝洞型油气藏,初步明确了特大型油气田

1996 年 8 月,国家计划委员会油气资源管理办公室颁发了"艾协克-桑塔木区带工业勘探项目"许可证。塔河-轮南探区从此进入平行勘探阶段。

1)轮南探区

1996 年 1 月 5 日,受塔中 4 油田 5 口千吨水平井的启发,在桑塔木断垒潜山上部署了中国第一口超深(5700m)水平井——解放 128 井,并在同年 4 月 28 日开钻。在奥陶系灰岩中水平钻进260m,横穿7个洞缝系统,酸化获得原油168m³/d,天然气108.4×10⁴m³/d,相当于一口千吨井,产量压力稳定。

1996年,西北石油局借鉴俄罗斯尤罗博钦油田里菲系(震旦系)潜山风化壳缝洞型底水块状油藏的成功经验,并到胜利、华北、四川等油田学习交流,攻关建立了轮南奥陶系碳酸盐岩准层状缝洞型储集体地质模型,明确了致密碳酸盐岩底板对地下水封隔的相对性,首次提出了轮南奥陶系潜山并非是一个个孤立的、自成油水体系、互不相通的不规则"鸡窝状"油气藏,而是受潜山背斜控制的大型准层状缝洞型油气藏。勘探类型由前期的寻找构造圈闭,转为寻找构造-储层圈闭。以准层状缝洞型油气藏模式为基础,指导新一轮钻探,取得了可喜成果。

在1996年勘探技术座谈会上,塔指提出了"在台盆区,要坚持逼近主力油源层寒武系—奥陶系,寻找碳酸盐岩储层发育区,寻找大型碳酸盐岩原生油气藏"的勘探方针。

1997年2月,中国石油物探局塔里木分院利用三维数据体进行反去噪相干处理,获得了轮南地区全国第一张大面积潜山顶面洞缝发育切片图,在轮南与桑塔木两个断垒之间的平台区部署了轮古1和轮古2两口专打奥陶系的大斜度井。

1997年12月,轮古1井获得原油364m³/d、天然气13.7×10⁴m³/d的高产油气流。

1998年2月,轮古2井获得原油493m³/d、天然气6.5×10⁴m³/d的高产油气流。

1997年底,塔指累计申报4区块预测储量10025.5×10⁴t油当量,首次明确勾绘出轮南潜山垒带与平台区亿吨级油气田的基本轮廓。

2)塔河探区

"七五"—"八五"期间,西北石油局逐步调整早期"沿断裂、找残丘、打高点"的"潜山+岩溶残丘"的勘探思路,实践形成了"逼近主力烃源岩,以大型古隆起、古斜坡为勘探目标,靠近大型断裂、大型不整合面寻找大型原生油气藏"的勘探思路,彻底地摆脱构造圈闭或潜山油气藏的束缚,以在油气富集区内精细刻画岩溶缝洞型储集体为主要勘探思路。

1995年初,西北石油局在阿克库勒凸起塔河工区采集完成296km²三维地震。

1996年初,西北石油局根据新的三维地震成果,优选阿克库勒凸起西南部艾协克1号、2号岩溶残丘作为突破口,部署了沙46井(距轮南15井约4km)、沙47井、沙48井及评价井。

1996年7月,塔河1号的沙41井三叠系获得工业油气流。

1997年2月4日,沙46井(塔河三区)中奥陶统获得原油212.5m³/d、天然气14.2×10⁴m³/d的高产油气流。

1997年7月,沙56井三叠系获得原油249m³/d、天然气11070m³/d,成为塔河2号发现井。

1997年10月,沙47井、沙48井在下奥陶统均获高产油气流,并在石炭系发现良好油层。其中,沙48井(塔河四区)只打穿中奥陶统一间房组顶部古风化面7m就发生强烈井涌,测试获得原油570m³/d、天然气15×10⁴m³/d。

至此确定,塔里木盆地发现了我国第一个古生界大油田——塔河油田。塔河地区是以奥陶系为主,包括石炭系、三叠系等在内的3套含油层叠合连片含油的大型、甚至特大型油气田(图2-73、图2-74)。

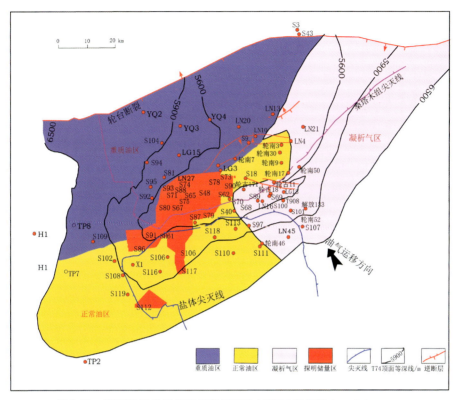

图 2-73　塔河油田奥陶系岩溶缝洞型油气藏展布范围(据翟晓先,2006)

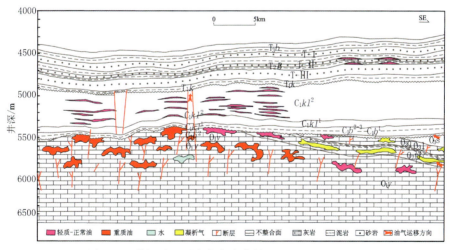

图 2-74　塔河油田近南东向油藏剖面图(据翟晓先,2006)

1998年9月,在新疆乌鲁木齐召开了"中国新星石油公司塔河油区下古生界油藏特征研讨会"。会议进一步明确了主攻奥陶系、兼顾探索石炭系和三叠系的勘探思路,更加坚定了把塔河油田加快培育成亿吨级大油田的信心。

5. 1998—2008 年,勘探全面拓展,整体落实塔河-轮古特大型油气田

1)塔河探区

沙 47、沙 48 井奥陶系突破后,发现奥陶系油藏并不受局部残丘控制,而是受早海西期的岩溶控制。研究认识到,阿克库勒凸起轴部断裂、裂缝发育,是海西早期岩溶缝洞型储层的有利区,岩溶缓坡带有利于岩溶的发育。

1998 年开始,西北石油局及时调整勘探部署,针对岩溶有利区,沿阿克库勒凸起轴部及其两侧,加大勘探部署钻探力度,储量得到快速增长。

1999 年,国家储委首次批准塔河奥陶系油藏探明石油储量为 7022×10^4 t(含凝析油)。

2002 年 3 月,塔河油田南部沙 76 井在下奥陶统一间房组孔隙性储层中,6mm 油嘴生产,试获 $258.9\mathrm{m}^3/\mathrm{d}$ 的高产油流,突破发现了一间房组似层状孔隙型储集体。到 2002 年 6 月,已有 15 口井钻遇该油层,多数井获得工业油流。如西端的 T705 井中途测试,获原油 $308.6\mathrm{m}^3/\mathrm{d}$,天然气 $2273\mathrm{m}^3/\mathrm{d}$;东端的沙 96 井裸眼酸压后,获凝析油 $28.8\mathrm{m}^3/\mathrm{d}$,天然气 $8.12\times10^4\mathrm{m}^3$。

2002 年,在油田西南部的沙 91、沙 76、沙 86 井区申报探明储量 4665×10^4 t,在油田东南部的沙 96 井区,获预测储量天然气 $665.5\times10^4\mathrm{m}^3$、石油 558.1×10^4 t。

至 2004 年底,阿克库勒地区钻遇奥陶系碳酸盐岩的探井及评价井 140 多口,其中 120 多口井获工业油气流。累计探明石油储量 5.3×10^8 t,三级储量 12×10^8 t;天然气地质储量 $590\times10^8\mathrm{m}^3$。

2005 年,西北油田分公司积极转变发展方式,针对缝洞型油藏的地质特点,探索"勘探向前延伸,开发提前介入"的勘探开发一体化工作模式,产量得到快速增长。

塔河油田勘探过程中,取得 4 方面理论创新,实现了勘探部署的大转移。

一是通过研究阿克库勒凸起形成过程和动力学机制,认识到海西早期(晚泥盆世)是塔河主体区最主要的表生岩溶期,岩溶斜坡是岩溶缝洞型储层发育有利区。阿克库勒凸起轴部裂缝发育,与岩溶斜坡的叠合部位,是海西早期岩溶缝洞型储层最发育区。建立了岩溶发育模式,岩溶缝洞体在地震剖面上主要表现为"串珠状"反射特征,勘探部署由"单一缝洞储集体"转向"整体评价和有规律整带部署"。

二是通过研究油气成藏过程,建立了碳酸盐岩岩溶缝洞型油藏成藏模式,油气勘探由全面部署转向"整体控制、先轻后重"。

三是通过研究沉积储层特征,新发现了塔河南部广泛发育的奥陶系一间房组生物滩相裂缝-孔隙型储层、上奥陶统良里塔格组裂缝-孔洞型储层,岩溶缝洞型油藏勘探由"单一风化壳找油"转向"多层位立体勘探"。

四是通过研究岩溶缝洞型油藏勘探技术方法,岩溶缝洞型油藏勘探由"残丘高点找油"转向"整体评价、全面部署"。

2011 年以来,西北油田分公司积极向外围、深层拓展,整体探明了塔河奥陶系特大型油田。截至 2014 年,塔河油田奥陶系累计探明石油地质储量 12.58×10^8 t。

2)轮南探区

1998 年,西北油田分公司在轮南 8 井区部署了 $70\mathrm{km}^2$ 高精度三维地震,后来又实施了三维地震 935km²。攻关地震储集层预测技术,认识到洞穴为"串珠状"地震反射,潜山岩溶储集层沿潜山面准层状展布,控制形成准层状油气藏。

自 2002 年开始,轮古地区转入以岩溶缝洞体系为主的勘探阶段,大力实施勘探开发一体化,创新了碳酸盐岩储层综合评价技术,勘探开发水平得到快速提高。

2002 年,国家储委批准轮南奥陶系探明石油储量 1122×10^4 t。

2008 年底,中国石油与中国石化矿权区内已发现油气储量 18.78×10^8 t。

案例四:克深 2 气田

库车前陆盆地冲断带的勘探突破,克服了存在巨厚砾岩层和膏盐岩层、高陡地层倾角、高耐研磨地层、超高温-超高压气藏、裂缝性低孔砂岩储集层等难题,瞄准盐下逆冲构造解释这一关键难题,经历了由二维到三维、由远源向近源、由中浅层向深层的勘探过程,体现了勘探发展的客观规律。

库车盆地北与南天山造山带、南与塔北隆起相连,是以中、新生代地层为主的叠加型前陆盆地,北东东向展布,东西长 550km,南北宽 30~80km,面积为 3.7×10^4 km²。

库车前陆盆地自西向东,分为 3 个坳陷:西部坳陷(乌什凹陷、温宿凸起),中部坳陷(克拉苏构造带、拜城凹陷、秋里塔格构造带),东部坳陷(依奇克里克构造带、阳霞凹陷)(图 2-75)。

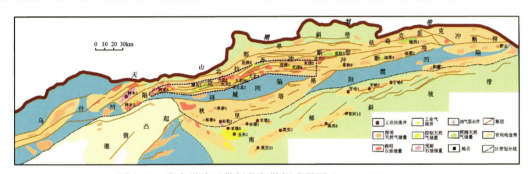

图 2-75　库车坳陷区带划分与勘探成果图(据王招明等,2013)

垂向上,自下而上分为 4 个构造层:①基底构造层(古生界),②盐下中生界构造层(三叠系—白垩系),③盐构造层(西部古近系库姆格列木群膏盐岩、东部新近系吉迪克组膏盐岩),④盐上构造层(古近系苏维依组—第四系)。中生界是主要勘探目的层(图 2-76)。

库车前陆冲断带分为北部单斜构造带、克拉苏构造带 2 个二级构造单元。

克拉苏构造带是南天山山前第一排冲断带,勘探面积达 5500km²,东西长约 248km,南北宽 15~30km,从北向南分为克拉、克深 2 个区带。克深区带自西向东分为 4 段:阿瓦特段、博孜段、大北段、克深段(图 2-77)。

克拉苏构造带处于拜城凹陷生烃中心,东部克拉—克深区段的主要气源岩是侏罗系煤系烃源岩与三叠系湖相烃源岩,基本覆盖整个坳陷,累计厚度超过 900m,有机质类型以腐殖型和偏腐殖型为主,有机质含量平均为 1.63~3.78%,成熟度 R_o 大于 1.6%,达到成熟—过成熟。侏罗系烃源岩总生气强度大于 75×10^8 m³/km²,三叠系烃源岩最大生气强度为 50×10^8 m³/km²。克拉苏构造带东部以干气为主,主要来自上三叠统黄山街组烃源岩,为新近纪库车晚期—第四纪的一期成藏。

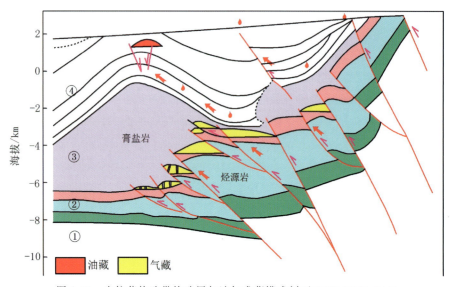

图 2-76　克拉苏构造带构造层与油气成藏模式剖面(据魏国齐等,2018)

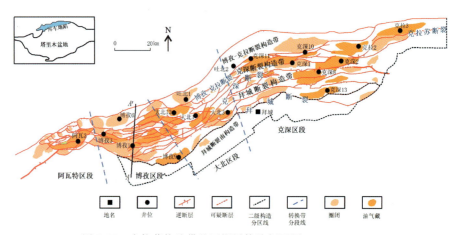

图 2-77　克拉苏构造带盐下深层构造纲要图(据田军等,2020)

克拉苏构造带西部博孜—大北区段的原油来源于中侏罗统恰克马克组烃源岩,经历了"早期聚油、晚期聚气"两期成藏。

克拉苏构造带主要储层为白垩系巴什基奇克组砂岩,砂岩厚 100~300m。受南天山造山带和温宿古隆起物源的影响,由北向南表现为冲积扇、扇三角洲或辫状三角洲-滨浅湖沉积体系(图 2-78)。自北向南、自东向西,砂岩厚度逐渐减小。储集空间包括粒间孔、粒内孔和裂缝。储层孔隙度为 2.0%~9.0%,渗透率为 $(0.01~0.10)\times10^{-3}\mu m^2$。盖层主要为古近系库姆格列木群膏盐岩层,平均厚 200~900m,局部大于 3000m。

古近系库姆格列木群及新近系吉迪克组巨厚的膏盐岩层为有利的区域盖层(图 2-79)。

强烈的构造运动形成了冲断带盐下冲断叠瓦状构造圈闭,大冲断带形成期与烃源岩大量生气期一致,且上下叠置,克拉苏构造带始终处于烃源岩的生烃中心,气源断裂沟通气源层和储集体,高效强充注,形成多个大型气田群(图 2-80)。

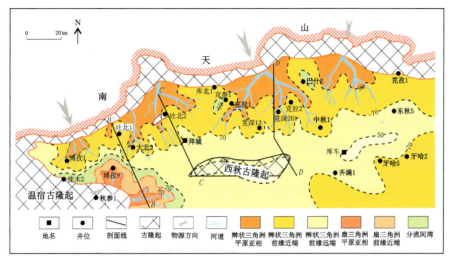

图 2-78　克拉苏构造带白垩系巴什基奇克组沉积相平面图(据魏国齐等,2020)

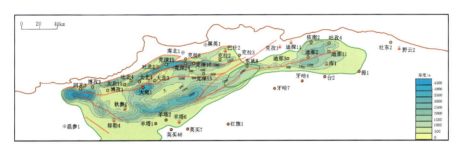

图 2-79　克拉苏构造带古近系—新近系膏盐岩等厚图(据易士威等,2021)

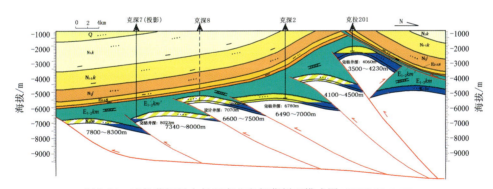

图 2-80　克拉苏深层大气田南北向气藏剖面模式图(据张海祖,2018)

克拉苏冲断带已发现克拉2、克深2、克深5、克深8、克深9、克深13、大北3、博孜1等多个大型天然气藏。它们均为超压气藏,其中,大北1气田地层压力系数为1.72,克深2气田地层压力系数为1.73。

库车山前带的油气勘探,直到发现克深2大气田,共经历了5个勘探阶段(梁狄刚,2000;贾承造等,2002;金晓辉等,2008;王招明等,2013;渠沛然等,2016;杨海军等,2019;田军等,2020,2021)。

1. 1954—1983 年,寻找背斜构造,发现浅层依奇克里克油田,深层构造勘探遇阻

1953 年之前,主要开展地面地质普查,在库车山前逆冲带发现了大量油气苗。

1954—1983 年,大致经历了"广探构造、钻探浅层""集中山前,两探深层""加深钻探,探索深部构造"3 个阶段,共钻探井 63 口,仅于 1958 年发现了浅层的依奇克里克油田。深层则由于构造变形强烈、浅层与深层构造不协调、山地地震不过关、地质认识不深入、构造不落实、钻井难度大,未获发现。

地质矿产部先后在天山南麓发现了喀什、康村、米斯布拉克、克拉苏河、乌恰、克拉托、安居安、温宿塔拉克等丰富的油苗。以此为线索,将山前浅层背斜构造作为主要勘探对象,确立了库车坳陷为重点勘探地区。

1958 年,石油工业部在库车坳陷初步发现了 26 个地表构造和一批油苗显示,首次发现依奇克里克背斜轴部出露的最老地层为上侏罗统。优选钻探依奇克里克构造,发现了塔里木盆地第一个油田依奇克里克油田。

之后,部署探井 24 口,进尺 2.06×10^4 m。由于目的层较深、山地地震不过关、甩开钻探的库车坳陷的库姆格列木、喀桑托开、吐孜玛扎、吐格尔明、东秋立塔克等构造,均因上、下构造顶部偏移,预探未达预期效果。

20 世纪 80 年代中后期,由于勘探理论技术没有突破,库车勘探基本停止。

2. 1993—1998 年初,盆地区域勘探指方向,逼近烃源岩,发现盐下克拉 2 气田

1992 年底,李德生院士在塔指技术座谈会上指出:"迄今为止,塔里木找到的都是'次生'油气藏。"这就启发人们,要逼近主力油源层去寻找大油气田。

1993 年初,塔指重上库车坳陷,钻探了东秋 5 井、克参 1 井。目的层都是侏罗系—白垩系,因断裂造成地层多次重复,都未钻达主要目的层。

1995 年,发现大宛齐盐拱构造之上的浅油藏后,将目标转向古近系盐下构造,钻探了克拉 1 井,由于地震资料品质较差、构造南翼回倾不落实、断层两侧砂层对接而失利。

3 口井连续失利,库车山前带勘探前景因此受到严重质疑。

受戴金星院士"中亚煤成气聚集域"理论启发,塔指认识到,只要有煤系生油层就一定有丰富的天然气。同时,贾承造院士在《塔里木盆地类型与盆地构造》研究报告中,首次提出"塔里木盆地石油古生界海相克拉通和中、新生界陆相前陆盆地组成的叠合盆地,下边是海相盆地,上边是前陆盆地,克拉通油气受古隆起和斜坡构造控制,前陆盆地油气受前陆逆冲带控制,有两套地质勘探目的层"的观点,坚定了勘探信心。

1994 年开始地震攻关,特别是"八五""九五"国家重点科技攻关,在地震资料和地质理论上都取得了很大进展,深化了库车前陆盆地的石油地质认识。

1995—1996 年,由于塔北、塔中地区重复勘探低幅度构造,导致重复失败,出现了两年勘探低潮时期。1996 年,为了跳出塔中、塔北两个隆起区,寻找新领域、新类型、新层系,加深盆地认识,东起满加尔凹陷东部,南至西南坳陷和塘古孜巴斯凹陷,西至巴楚隆起西部,北至库车坳陷山前带,在全盆地部署了 34 口探井。

两年的区域钻探尽管没有重大发现,但认识到:①库车前陆盆地西部钻到了厚达1400m以上的古近系盐层,存在盐下找油气的可能。②克参1井白垩系油气显示活跃,附近地表出露长400m白垩系油砂。③前陆区油气集中在山前逆冲构造带和前缘隆起张性构造带。④库车坳陷西部在古近系盐拱构造上覆的康村组红层中发现了大宛齐浅油藏,油源来自克拉苏构造带深部侏罗系烃源层。

1996年底,在勘探技术座谈会上,专家提出,由于山前带成排分布的高陡构造并不缺乏,关键是地震成像和构造定位要准。考虑到第三系浅油藏保存条件差,勘探目的层应当转到盐下白垩系,并且逼近侏罗系,寻找原生油气藏。同时,面对复杂的技术难题,将1997年确定为"勘探技术攻关年",共提出10项攻关项目,其中3项针对山前带。

1996年底,塔指根据两张高点不一致的构造图,确定克拉苏构造带西段古近系盐下克拉2号构造的存在,对高点适当偏移,确定了克拉2井井位(图2-81)。

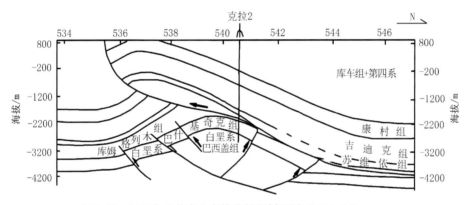

图2-81 过克拉2井南北向构造解释剖面图(据邱中建等,2002)

1998年1月下旬,克拉2井在3528~3534m发现2层6m含气砂屑白云岩,中途测试,6mm油嘴,折算获得天然气$27.71 \times 10^4 \text{m}^3/\text{d}$。在3568m进入白垩系后,测试获得天然气$(23.8 \sim 71.7) \times 10^4 \text{m}^3/\text{d}$,气柱高443m。

2000年,克拉2气田探明含气面积47km^2、天然气地质储量$2840 \times 10^8 \text{m}^3$,成为我国当时最大的整装天然气田。由此拉开了前陆盆地发现的序幕,成为西气东输工程的起点。

克拉2井的成功,一是得益于塔指坚持区域展开、重点突破的勘探思路,选择库车前陆区盐下侏罗系、白垩系逼近主力油源层,寻找大型原生油气藏。二是形成了前陆盆地山前复杂高陡构造地震、钻井、测井、高压气井测试、油藏描述技术等勘探配套技术方法。

同时,与克拉2井一起部署的克拉3井、依南2井也获得成功。

1998年1月底,钻探克拉苏构造带东段伊奇克里克油田依南断裂下降盘的侏罗系原生油气藏的依南2井,在4578.5~4783m井段裸眼中测,4.76mm油嘴,获得天然气$10.86 \times 10^4 \text{m}^3/\text{d}$,从而在伊奇克里克构造带深层首次发现了下侏罗统阿合组高产天然气层。预测天然气储量为$1600 \times 10^8 \text{m}^3$。依南2井打开了库车东部侏罗系的新领域。

1998年2月,克拉苏构造带西段克拉3号古近系盐下构造钻探的克拉3井,对白垩系3472~3479m井段中测,11.11mm油嘴,获得天然气$35.25 \times 10^4 \text{m}^3/\text{d}$。

这期间,在前 3 口井失利的情况下,终于在后 3 口探井的两个层系中几乎同时取得突破,打破了自 1958 年依奇克里克油田发现以来近 40 年的沉寂。

3. 1998—2004 年,类比克拉 2 气田,深层构造难落实,仅发现大北 1、迪那 2 气田

克拉 2 气田发现之后,以寻找优质、高产、浅埋大气田为目标,1998—2000 年期间,在克拉苏、秋里塔格等构造带钻探 6 口井,未取得实质性突破。

1998—2000 年,在克拉苏构造带上先后钻探了吐北 1、吐北 2、巴什 2、库北 1 四个圈闭,与克拉 2 气田处于同一排构造带、同样目的层,均告失利。其中,1997 年 6 月钻探的吐北 1 井,钻在构造低部位,古近系、白垩系测井解释为水层。1999 年 9 月钻探的吐北 2 井,钻在构造低部位,古近系、白垩系测试见水。2000 年 5 月钻探的巴什 2 井,钻在构造圈闭之外,古近系、白垩系中途测试为水层。2001 年 4 月钻探的库北 1 井,钻在构造西翼,侏罗系物性差,中途测试低产水层。

1998—1999 年,在库车东部依南侏罗系断鼻上钻探依南 5、依南 4 两口探井,均未成功。甩开钻探,依深 4、克孜 1、依西 1、吐孜 1 四个构造,同样失利。失利原因仍然与地震资料品质差和圈闭不落实有关。

到 2000 年底,主攻的克拉苏-依奇克里克构造带已无可靠圈闭上钻,克拉 2 气田形成的地震技术无法适应整个库车坳陷的勘探。中浅层除克拉 2 气田外,没有新的可钻圈闭。钻探深层,面临地质认识不清、圈闭落实困难、技术储备不足等困境。勘探受挫。

库车坳陷具备好盖层、厚储集层、大构造、强充注、晚成藏等大气田形成的地质条件。为此,借鉴引入国外前陆盆地系统、断层相关褶皱和平衡剖面等研究方法,重新认识库车含盐前陆冲断带,明确了克拉苏构造带盐下深层作为勘探主攻领域。

同时,开展宽线大组合、三维采集处理、盐相关构造建模、相控速度建场等地震、地质一体化技术攻关,发现克深—大北构造带,新落实一大批可钻探圈闭。

库车山前二维地震由沿沟谷的"弯线"转变为"直线",采用大吨位可控震源与井炮相结合的激发方式,采用大排列和超大排列接收提高采集质量,引进并消化断层相关褶皱理论,建立构造地质模型,成功揭示了东秋里塔格、克拉苏白垩系及依奇克里克地区侏罗系构造形态。重点部署侏罗系"煤下"的阿合组、古近系"盐下"的白垩系巴什基奇克组 2 套巨厚砂岩储集层。

1999 年 9 月,大北 1 井在白垩系砂岩获得工业气流,发现了大北 1 千亿立方米级大气藏,初步揭示了克拉苏构造带具有整带富集天然气的前景。但在大北 1 井—大北 2 井区钻探 6 口井进行评价,至少钻遇 5 个断块,气水关系复杂,地震预测与实钻储集层深度误差较大。由钻前认识的完整大背斜变成了复杂断块群,大气田变成了小气藏群(图 2-82、图 2-83)。

2001 年,借鉴克拉苏构造带的地质规律,在东秋里塔格构造带部署钻探迪那 2 井,在新近系盐下取得了重大突破,发现了 2 千亿立方米级的迪那 2 气田。2006 年,迪那气田评价获重大进展,利用三维叠前深度偏移资料,迪那 204 井获高产油气流,累计探明储量天然气为 $1756 \times 10^8 m^3$、凝析油为 $1339 \times 10^4 t$。

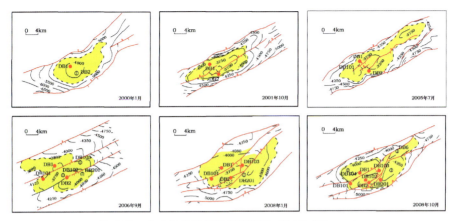

图 2-82　大北区块油气勘探历程图（据王招明等，2013）

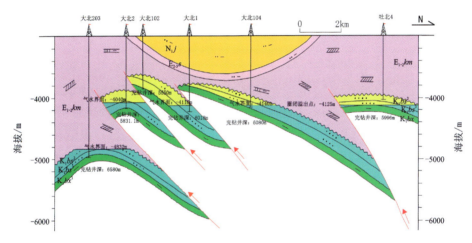

图 2-83　大北 1 气田南北向气藏剖面图（据王招明等，2013）

之前一批大气田的发现，振奋了勘探信心，当时普遍认为库车坳陷"只要发现构造，钻探就可以获得发现，只是大小的问题"。然而，油气预探形势急转直下。

2000—2005 年，在库车坳陷东西长 475km，南北宽 70km 范围内，先后针对却勒、东秋、乌什、阳北 4 个地区 15 个圈闭部署了 20 口预探井，未落实规模气藏（图 2-84）。

2000 年钻探的却勒 1 井，在古近系库姆格列木群底砂岩 5759～5769m 井段，4.76mm 油嘴日产油 82m³，日产气 3×10^4m³。但随后钻探的秋参 1 井、却勒 4 井、却勒 6 井全部失利。却勒 1 构造北部高点的却勒 6 井，结果与设计认识差异较大，原来认识的简单背斜转变为大斜坡，且仅薄砂层出油气，为上倾尖灭岩性油藏。

2001 年，在东秋里塔格构造带，先后钻探了东秋 8 井和东秋 6 井。钻前、钻后构造基本一致，目的层白垩系砂岩物性较好，但完井试油均为水层，仅东秋 8 井在古近系薄砂层用 8mm 油嘴，日产气 35×10^4m³。

2002 年，在乌什凹陷钻探乌参 1 井，对白垩系舒善河组 6038～6052m 井段完井试油，日产油 179m³，日产气 23×10^4m³，取得了新层系、新区带的勘探突破。随即部署三维地震，并先后钻探依拉2井、依拉101井、乌什2井进行评价,因库车西部缺失砂岩和盐岩的储盖组合,未获得高产气流。

2004年,在阳北构造带钻探野云2井,在白垩系见5~8m高火焰,且冒黑烟,完井压裂测试仅获低产气流,认为储层物性较差。

2005年,钻探阳北1井,钻后构造与解释结果一致,但储盖组合差,未获工业气流。

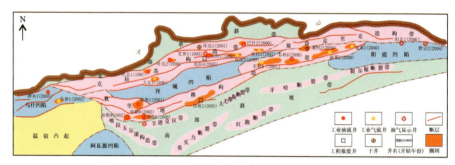

图2-84 库车坳陷2005年勘探成果(据杨海军等,2019)

勘探再次步入低潮,主要原因,一是盆地东西部储盖组合变化大,无法勘探西部的岩性油气藏。二是构造高点不落实的问题依然存在,例如,东部克拉4井目的层标定不准、古近系巨厚膏盐岩厚度标定不准,3次加深,工程被迫报废;再如,大北气藏,钻前认为完整背斜,实钻为多个复杂断背斜,每个断背斜独立成藏,气水界面各不相同。由此,盐下深层有没有大的构造圈闭存疑。

4. 2005—2007年,二维宽线+大组合攻关,盐相关构造建模,发现克深2气田

2005年,总结前期成果,认识到,库车山前带应集中勘探白垩系—古近系。由于难度较小的中浅层—深层目标大部分已经钻探,接下来主要是埋深大于6000m的超深层目标。

2005年,针对构造主体中、浅层无反射,深层成像差等问题,尝试进行宽线+大组合采集攻关试验。在克深1号构造实施了一条南北向4线5炮的宽线采集攻关测线,在吐北4构造区实施了一条大基距组合检波的攻关测线。剖面品质得到较大改善,信噪比明显提高(图2-85),较清楚地显示出克拉苏深层构造的存在。

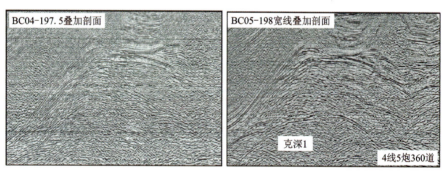

图2-85 克深区块老测线与第一条宽线品质对比(据王招明等,2013)

尽管地层预测不准,但基本反映了构造真实面貌,证实地震攻关是有效果的。

2005年5月,利用宽线资料,落实了克拉苏构造带深层构造最高的克深1号构造,部署了克拉4井(图2-86)。

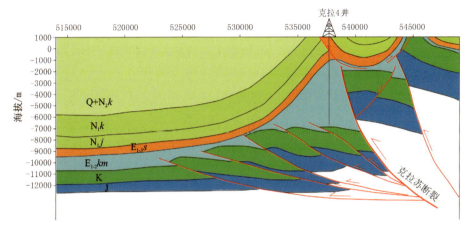

图2-86 过克拉4井南北向构造解释剖面图(据杜金虎等,2011a)

2005年9月3日,在克拉苏断裂下盘最浅构造上的克拉4井开钻,由于实钻与设计严重偏差,历经三次加深,最终报废。但证实深层含油气,深层构造存在且含油气,盐下深层勘探方向正确。

尽管克拉4井钻探失利、大北区块遭遇复杂,但也带来四点重要信息。一是克拉4井揭示,克拉苏构造带深部可能存在叠瓦构造带。二是大北气田盐膏层对深层断背斜封堵能力强,大北气田每一个气藏北部受断背斜控制,南部受断裂控制,断片与断片之间的巨厚膏盐岩形成有效封堵,突破了以往"完整圈闭控藏"的认识。三是克拉4井白云岩见气测显示,揭示了克深区带具有油气成藏的基本条件。四是克拉苏大北气田盐下深层白垩系仍然发育有效储层。

在前期实践的基础上,创新形成前陆含盐盆地油气成藏理论,包括前陆冲断带的"顶蓬构造"理论、应力控储的"断背斜应力中和面"地质理论(图2-87)等。重新梳理库车坳陷大气田形成条件,做出以下判断。

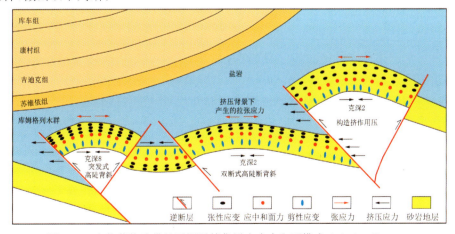

图2-87 克拉苏构造带盐下深层储集层应力中和面模式(据杨海军等,2019)

（1）基于"古近系巨厚膏盐岩、白垩系巨厚砂岩储层稳定分布，是整个库车坳陷最好的储盖组合，具备大规模油气聚集的条件"的认识，重新明确古近系盐下构造作为再次发现大气田的主攻领域。

（2）基于"克拉苏构造带生、储、盖时空配置好，深层存在巨厚的三叠系、侏罗系煤系烃源岩，新近纪以来快速沉降，快速深埋，晚期持续强充注，已经发现了克拉2大气田和大北1千亿立方米级的气藏"的认识，重新确定克拉苏构造带作为主攻区带。

（3）基于"早期地震攻关发现克拉苏构造带深层存在构造显示，推测盐下深层冲断构造可能成排成带"的认识，选定克拉苏盐下深层作为主攻目标。

至此，坚定了在克深区带寻找大油气田的信心，确定了库车前陆冲断带"阵地战"的地位，重新把勘探方向集中到克拉苏构造带，主攻盐下白垩系深层目标，大力实施山地地震攻关。引入盐相关构造建模理念，落实了克深1圈闭和克深2圈闭，上钻克深2风险探井。

2006年，塔里木油田公司开始了复杂山地新一轮物探攻坚战，在克拉苏构造带整体实施宽线+大组合测线63条1992km，仅克深1、2构造就部署了9条近300km的宽线。通过改进采集方式，采用叠前深度偏移处理，攻关剖面信噪比明显提高，构造成像得到大幅度改善，深层盐下断裂和构造清晰可见（图2-88）。

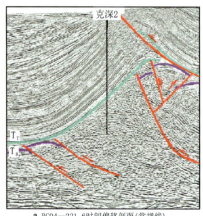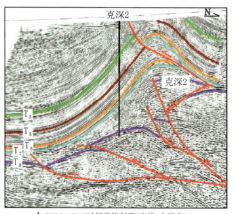

a. BC04—221.6时间偏移剖面（常规线）　　b. BC06—220K时间偏移剖面（宽线+大组合）

图2-88　过克深2构造地震剖面对比（据王招明等，2013）

2006年底，用盐相关构造建模的思路重新建立库车前陆冲断带构造模型，完成新一轮克拉苏构造带深层的构造成图，揭示盐下深层构造成排成带发育的可能性。克拉苏构造带盐下深层具备形成大气田的地质条件，例如，发育上三叠统湖相泥岩和中—下侏罗统煤系2套烃源岩，白垩系巴什基奇克组巨厚砂岩与古近系巨厚膏盐岩组成优质储盖组合，油气成藏与圈闭形成同步等。

2007年，采用宽线+大组合、叠后时间偏移技术，初步发现3排13个大型潜伏背斜目标。其中，克深1和克深2圈闭规模最大，为首选的2个钻探目标（图2-89）。

2007年3月，鉴于克深2构造紧邻克拉2气田、资料品质好、波场相对简单、构造相对完整，确定上钻风险探井克深2井（图2-90）。

2007年6月19日，克深2井开钻。2008年8月，对白垩系巴什基奇克组6573～6609m

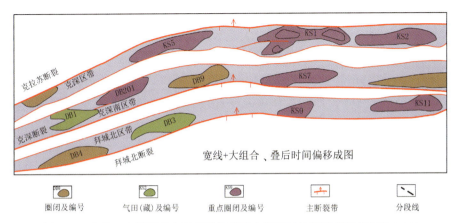

图 2-89　大北—克深区带古近系库姆格列木组底界构造图(据梁顺军等,2016)

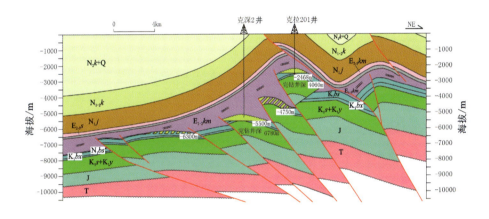

图 2-90　克深 2 井—克拉 201 井南北向气藏剖面图(据王招明等,2013)

和 6640~6697m 井段酸化求产,6mm 油嘴,油压 70.88MPa,获得天然气 345 156m³/d;8mm 油嘴,获天然气 459 528m³/d,盐下深层取得了战略性突破,标志着超深层克拉苏大气田的发现。

克深 2 井是继克拉 2 气田之后克拉苏构造带最重要的发现。由此认识到,克深 2 与大北 1、大北 3 等气藏相似,同属克深区带。一个万亿立方米特大型气田逐步显现。

克深 2 井的重大突破表明,克拉苏构造带深层只要查明圈闭,钻探成功率极大。

5. 2008—2020 年,山地三维连片解释,深层构造更加可靠,落实万亿立方米克拉苏气田

2008 年,在克深 2 井突破的带动下,克深地区一次性部署实施了高精度山地三维地震 1002km²。

2009 年,在克深与大北之间钻探克深 5 风险探井,白垩系获工业油气流,储量规模超千亿立方米。

2010 年,克深 5 圈闭部署三维地震 521km²,逐步实现了克深区块三维地震连片全覆盖。在勘探实践中形成了"盐上顶蓬、盐下冲断叠瓦"的构造模式,指导了盐下冲断带构造圈闭的解释,自东向西在克深段、大北段、博孜段和阿瓦特段先后突破。

2012年,克拉苏构造带西段博孜地区的博孜1井在白垩系取得重大突破,新发现了一个超千亿立方米的整装气藏,将克拉苏构造带的含气范围向西扩展了40余千米,证实了克拉苏深层克深2井—博孜1井150km范围内整体含气。

2013年,博孜以西40km的阿瓦3风险探井再获工业气流,克深区带东西5段已突破4段。

2018年,风险探井中秋1井取得突破,库车盐下冲断带成功扩展到秋里塔格构造带。

2019年,博孜9井完钻井深7880m。目的层白垩系巴什基奇克组加砂压裂,8mm油嘴测试求产,获天然气 $70\times10^4\mathrm{m}^3/\mathrm{d}$,原油 $167\mathrm{m}^3/\mathrm{d}$。博孜9气藏含气面积 $41\mathrm{km}^3$,预测地质储量天然气 $1153\times10^8\mathrm{m}^3$、凝析油 $2166\times10^4\mathrm{t}$。新发现了超深、高压、高产、优质整装千亿立方米级的博孜9凝析气藏(图2-91)。

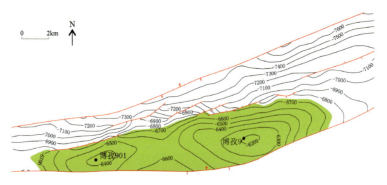

图2-91 博孜9号构造白垩系顶面构造及含气面积图(据田军等,2020)

此外,大北9、大北14、大北17、博孜12共4口预探井也获得重大发现,新发现4个大中型凝析气藏,预测地质储量天然气 $1460\times10^8\mathrm{m}^3$、凝析油 $1240\times10^4\mathrm{t}$,实现了大北—克深区段油气勘探的全面突破(图2-92)。

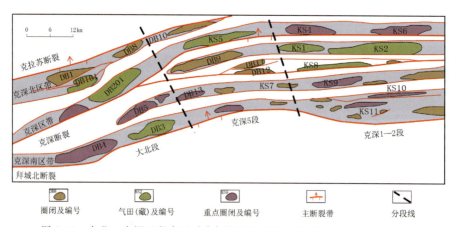

图2-92 大北—克深区段古近系库姆格列木组底界构造图(据梁顺军等,2016)

截至2020年底,在克拉苏构造带盐下超深层发现气藏33个,探明天然气储量 $9400\times10^8\mathrm{m}^3$。

经过连续不断的勘探,在克拉苏构造带东部发现了克拉—克深区段万亿立方米大气区,在克拉苏构造带西部发现了博孜—大北区段万亿立方米大气区。

克拉苏构造带自2008年以来,历经十几年攻关(图2-93),经历了三维叠后时间偏移处理(2008—2010年)、各向同性叠前深度偏移处理(2010—2013年)、TTI各向异性叠前深度偏移处理(2013—2016年),逐渐形成了前陆区三维地震叠前深度偏移处理解释配套技术。在4360 km² 连片三维地震中累计发现气藏22个,累计新增探明天然气地质储量超过 $10\ 000 \times 10^8\ m^3$。圈闭钻探成功率由埋深4000m的29%提高到埋深6000~8000m的70%。

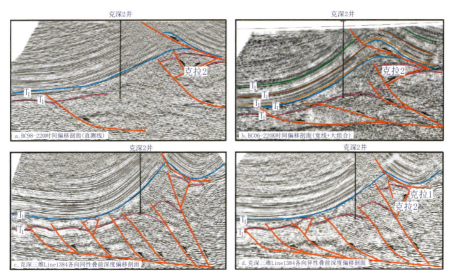

图 2-93 过克深2井地震历次解释剖面(据杨海军等,2019)

克拉苏气田的发现,一是得益于地质认识的转变,例如,从断层相关褶皱到挤压型盐相关构造建模的转变,从相控砂岩储集层到相控+应力控双重控制的裂缝性低孔砂岩,由早期完整背斜向断背斜圈闭的转变。二是得益于勘探技术的突破,地震勘探从二维直测线到宽线+大组合,再到山地三维,山地三维处理从叠后向叠前、从叠前各向同性到各向异性,圈闭落实程度越来越高。如果说"宽线+大组合"攻关实现了克深2的突破,那么,高密度山地三维地震的连片部署则落实了克拉苏万亿立方米大气田规模。钻井配套技术的提升,实现了"打成、打快、打好"的目标。

案例五:高探1井油藏

准噶尔盆地南缘(简称"准南缘")山前带地震处理准确偏移成像难度大,构造存在多解性,储层变化快,钻井要求高,决定了勘探发现过程曲折多变。高探1井实现突破发现,就先后经历了利用地面地质调查钻探地面浅构造、利用山地二维钻探深层构造、利用三维构造建模钻探深层构造、利用宽线+大组合二维地震钻探深层构造的多个勘探阶段。每个阶段都在努力攻关深部构造形态和位置的准确解释难题。实践证实,对于复杂构造区,每一轮次有针对性的地震技术攻关,都能获得新发现。

准南缘山前带东西长约400km,南北宽约40km,自西向东划分为西段的四棵树凹陷、西部的3排背斜带与3排向斜带、东部的阜康断裂带。

准南缘山前带经历了多期构造运动,特别是喜马拉雅期,北天山强烈挤压冲断,产生强烈褶皱,伴生一系列大型逆冲断裂,是准噶尔盆地大型背斜构造最发育的地区。深浅构造相差很大。浅层构造,主要为近东西向延伸的3排构造带(图2-94),自南向北分别为:山前冲断构造带、霍尔果斯-玛纳斯-吐谷鲁构造带(简称"霍-玛-吐构造带")、安集海-呼图壁构造带。深层构造,当前还无法认识清楚。

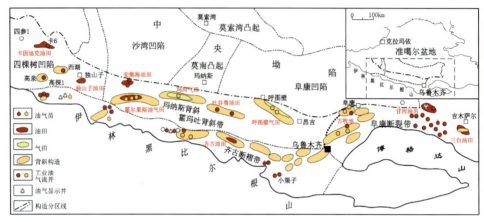

图2-94　准南缘构造与油气田分布图(据陈建平等,2019)

目前,山前冲断带初步识别出40个构造目标,其中21个较落实,可划分为3类。

(1)高泉构造型,包括独山子、独南等背斜,早期(燕山期)存在古凸起背景,晚期(喜马拉雅期)挤压构造继承性叠加,构造形成早、晚期构造继承性发展,油气充注条件及时间更具优势。

(2)霍-玛-吐构造型,包括第3排安集海构造带、呼图壁构造带及第1、第2排之间的东湾构造带等,规模大且比较完整,处于侏罗系高成熟烃源灶中心。构造形成及定型时间较晚,主要在晚喜马拉雅期(图2-95)。

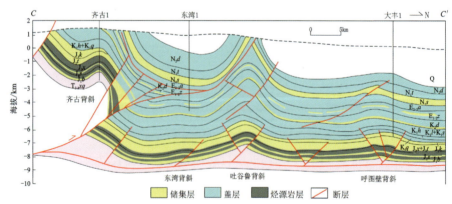

图2-95　准南缘中段过齐古1—东湾1—大丰1井近南北向构造剖面图(据杜金虎等,2019)

(3)齐古构造型,位于盆山结合部,是冲断作用最早发生部位,位于第1排构造带,东起喀拉扎构造、西至托斯台构造群。此构造型位于主冲断层下盘的楔入构造和三角带,限于地震成像质量,构造落实程度较低。

准南缘山前带紧邻两大生油坳陷,油源充足。西部的北天山山前坳陷,为新近纪—第四纪形成的大型再生前陆盆地,沉积厚达 15 000m,发育古近系、白垩系、侏罗系、三叠系、二叠系、石炭系共 6 套生油层系。东部的博格达山前坳陷,为二叠系前陆盆地,发育巨厚二叠系烃源岩。总体来看,侏罗系、二叠系为主力烃源岩。

其中,侏罗系暗色泥岩与煤系烃源岩厚 600~800m,于白垩纪末期进入生油高峰,新近纪末期进入生气高峰,总体来看,侏罗系烃源岩现今以生气为主,西段以生油为主(图 2-96)。高探 1 井油气来源于侏罗系煤系烃源岩。

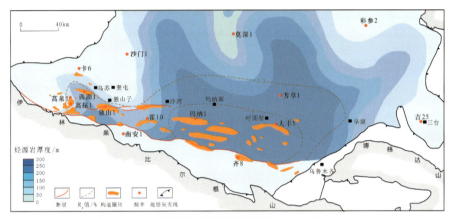

图 2-96　准南缘侏罗系烃源岩等厚图(据杜金虎等,2019)

二叠系湖相暗色泥岩烃源岩,主要分布在南缘中东部,厚 50~250m,早侏罗世进入生油阶段,中侏罗世进入生油高峰,早白垩世开始大量生气。

准南缘下组合主要发育白垩系清水河组、侏罗系头屯河组和喀拉扎组 3 套规模有效储集层。

下白垩统清水河组储层主要位于清水河组一段,厚 20~100m,以辫状河三角洲和扇三角洲前缘砂体为主,有利相带面积约 15 000km²(图 2-97)。南缘中段以南部物源为主,东、西两段则受南北两个物源影响。储层物性较好,孔隙度为 9.0%~18.6%,平均 15%~18%;渗透率为 $(97.75~186.00)×10^{-3}μm^2$。高探 1 井白垩系清水河组以细砂岩为主,埋深 5770m,测井解释孔隙度为 18%。

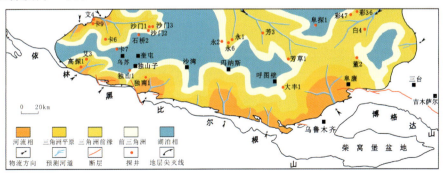

图 2-97　准南缘白垩系清水河组一段沉积相图(据杜金虎等,2019)

中侏罗统头屯河组储层以辫状河三角洲前缘砂体为主,前缘相带面积大于 15 000km² (图 2-98)。南缘中段以南物源为主,砂体厚 60~384m;西段以北物源为主,砂砾岩厚 100~236m;东段以南物源为主,但受东北物源影响,为小型缓坡型辫状河三角洲沉积,砂岩、泥岩薄互层,叠合面积大。头屯河组主要为砂砾岩、含砾不等粒砂岩以及粉、细砂岩,以细砂岩物性最好,岩心孔隙度为 7%~12%,最高达 14%。

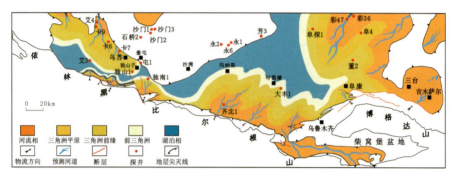

图 2-98　准南缘侏罗系头屯河组沉积相图(据杜金虎等,2019)

上侏罗统喀拉扎组储层主要分布于南缘中东段,范围局限,以南部物源为主,发育大型冲积扇和辫状河三角洲群。总体为巨厚块状砂砾岩、砂岩,钻井揭示砂岩厚 210~450m,分布面积约为 10 000km²。储层以中低孔、中低渗储层为主,物性变化较大。

准南缘山前带发育新近系塔西河组、古近系安集海河组和白垩系吐谷鲁群 3 套区域性盖层,均为超压(膏)泥岩,压力系数为 1.5~2.2,构成上、中、下 3 套储盖组合。其中,上组合为新近系独山子组、塔西河组储层与新近系塔西河组膏泥岩盖层,中组合为古近系安集海河组、紫泥泉子组储层与安集海河组区域泥岩盖层,下组合为侏罗系八道湾组、三工河组、西山窑组、头屯河组、白垩系清水河组等储层与白垩系吐谷鲁群泥岩盖层。准南缘西段主要是上、中组合,东段主要是中、下组合。

总体上,中、上组合构造破碎,储层变化大,油气充满度低,以中小型油气田为主。

下组合大构造的规模储层贴近侏罗系烃源岩,上覆厚 1000~2000m 的下白垩统超压泥岩,源-储-盖纵向匹配良好。下组合大型构造处于侏罗系高成熟烃源灶内或紧邻生烃中心,圈-源空间匹配良好。逆冲断裂构成了下组合源-储之间良好的油气输导网络。因此,南缘下组合成藏要素配置关系好。高探 1 井白垩系吐谷鲁群为巨厚超压泥岩,厚 500~2000m,压力系数为 2.2,具有很好的封盖能力(图 2-99)。

从成藏过程看,南缘各排构造带形成时间大致在距今 24.0~5.5Ma,晚期持续发育定型。下组合构造变形时间早。因此,晚期构造变形和冲断作用对中上组合的改造破坏作用强,对下组合改造破坏作用较弱。侏罗系烃源岩在距今 12Ma 进入大量生排烃阶段,下组合构造形成期与主力烃源岩生排烃高峰期匹配关系较好,有利于油气聚集。

地质构造的复杂性与钻探难度大等客观条件,决定了准南缘山前带勘探发现过程的复杂性。近半个世纪来油气勘探几上几下,发现了独山子、齐古、卡因迪克 3 个油田以及呼图壁、玛河 2 个气田,发现了吐谷鲁、霍尔果斯、安集海等含油气构造,累计探明石油地质储量

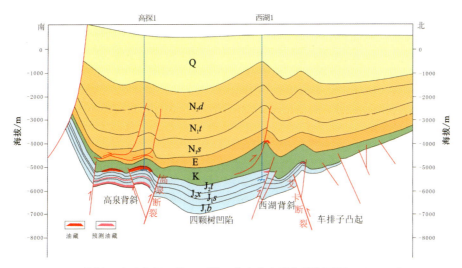

图 2-99　四棵树凹陷过高探 1 井—西湖 1 井南北向油气藏剖面图(据何海清等,2019)

$2719.5×10^4$ t、天然气地质储量 $329.6×10^8 m^3$(杜金虎等,2019)。

从开始勘探到高探 1 井取得突破,经历了 4 个阶段(罗治形等,2010;吴晓智等,2006;匡立春等,2012;仵宗涛等,2017;陈建平等,2019;何海清等,2019;杜金虎等,2019;沈建林等,2020;陈磊等,2020)。

1. 1958 年之前,追踪地面油苗,钻探地面构造,发现了独山子、齐古油田

准南缘地表油苗丰富,发育成排成带大构造,发育多套烃源层,是中国最早开展勘探的地区之一。构造出露地表遭受剥蚀,早期通过地质填图确定构造形态(图 2-100)。

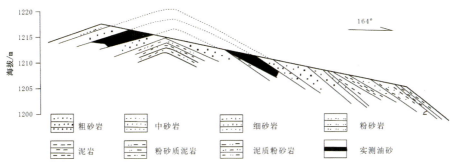

图 2-100　喀拉扎背斜核部全景、实测图(据李锋等,2017)

1937 年 1 月 14 日,发现独山子油田,标志着准噶尔盆地现代石油工业正式起步。独山子油田属于背斜型油田,主要储层为中新统沙湾组,原油主要来自古近系安集海河组烃源岩。

自 20 世纪 50 年代初开始,按地表构造高点部署井位进行钻探,由于深部构造存在多解性,找油思路未确立,部署了 9 口探井,只见油气显示,未获工业油流,失利较多,仅探明了独山子油田(1937 年),发现了齐古油田(1957 年)。

20 世纪 60 年代至 70 年代,准南缘油气钻探处于停止状态。80 年代初才重新启动。

2. 20 世纪 80 年代至 1996 年,采用山地二维地震,钻探深部构造,发现呼图壁、玛纳斯气田

20 世纪 80 年代至 90 年代,钻探西湖背斜、安集海背斜、独南背斜、霍尔果斯背斜等多个构造,主探新近系沙湾组和安集海河组,同时探索安集海河组下伏地层。但直至 1995 年也未发现新的油气田。

20 世纪 90 代中后期,中国石油天然气总公司四川石油管理局接管准南缘勘探,重点发挥山地二维地震技术,优选安集海、霍尔果斯、吐谷鲁、玛纳斯、托斯台、东湾和昌吉构造开展详查,发现了吐谷鲁浅层古近系油藏。准南缘深浅层构造不一致、构造高点偏移较大。初步建立了中深层成藏模式,形成了钻探深层较为完整构造以寻找突破口的思路。但由于山地二维地震尚处于探索阶段,地表静校正叠前偏移归位没有引起足够重视,构造高点难以落实,钻探多以失利告终。

之后,勘探认识到霍-玛-吐背斜带中组合紫泥泉子组构造相对完整、埋深适中,确定为主力勘探层系。山地二维地震可有效落实中组合构造及高点,钻井技术已经突破异常高压带、高陡带,因此推动中组合油气勘探取得突破,发现了呼图壁、玛纳斯 2 个中型气田,气田气层压力大、单井产量高,为高效气田。实践表明,中组合储层厚度较薄,构造圈闭面积大,但主要是高部位成藏,难以形成大型油气田。

20 世纪 50 年代,呼图壁背斜构造上部署的呼 1 井,钻至安集海河组 3005m 深度时钻头被卡死而失利。

1994 年 8 月,呼图壁背斜构造上又部署了呼 2 井(图 2-101)。

1996 年 8 月 6 日,呼 2 井紫泥泉子组 3608~3614m 井段射孔作业,突发强烈井喷,就此发现了呼图壁气田。此发现证明了安集海河组泥岩是准南缘良好的区域性盖层。

3. 1996—2006 年,三维复杂构造建模,发现卡因迪克、霍尔果斯、玛河油气田

中国石油新疆油田分公司重新接管勘探。公司总结前期经验教训,重点优选西段艾卡断裂带卡因迪克、中段霍尔果斯、东段古牧地背斜作为突破口,着重应用新的山地三维采集技术,第四系厚层松散砾石层低降速带调查技术,叠前深度偏移技术,山前冲断带断层相关褶皱理论,应用平衡剖面技术,进行三维构造建模。勘探结果明确了山前东西分段、南北分带的构造格局,建立了构造基本样式,先后在卡 6 井、霍 10 井获得重大突破。

2000 年 8 月 9 日,准南缘西段四棵树凹陷艾卡断阶下盘卡因迪克背斜构造上的卡 6 井,侏罗系齐古组自喷产油 24.3t/d,从而发现了卡因迪克油田。最终探明石油地质储量 453×10^4t,属于小油田,但却表明下组合具有良好勘探前景(图 2-102)。

2003 年 7 月 10 日,准南缘中段霍尔果斯构造上的霍 10 井完钻,井深 3480m。同年 8 月 25 日,在古近系紫泥泉子组 3159~3170m 井段,用 3.17mm 油嘴求产,获得原油 50m³/d、天然气 3×10^4m³/d,在滑脱带下盘古近系获重大突破(图 2-103、图 2-104)。

2004 年,准南缘东段牧 7、九运 1 井获得良好油气显示(图 2-105)。

2005 年 9 月 9 日《中国油气》报道,安集海背斜的安 5 井试获高产油气流,日产原油 85m³、天然气 3200m³。准南缘勘探逐步走出低谷。

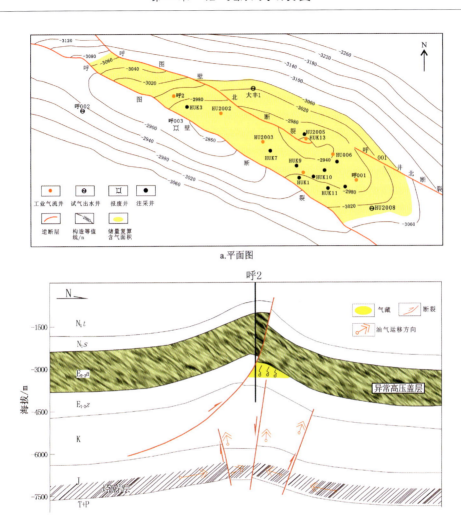

图 2-101 呼图壁背斜紫泥泉子组气藏构造图(据李一峰等,2014;仵宗涛等,2017)

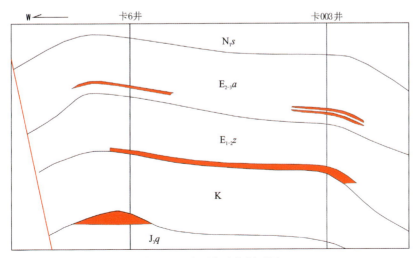

图 2-102 卡因迪克油田近东西向油藏剖面图(据沈建林等,2020)

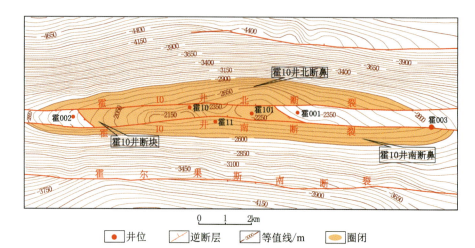

图 2-103　霍尔果斯背斜古近系紫泥泉子组顶界构造图(据王心强等,2018)

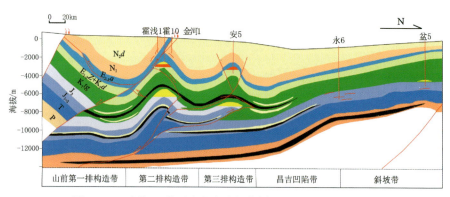

图 2-104　过霍 10 井近南北向油气藏剖面图(据蔚远江等,2019)

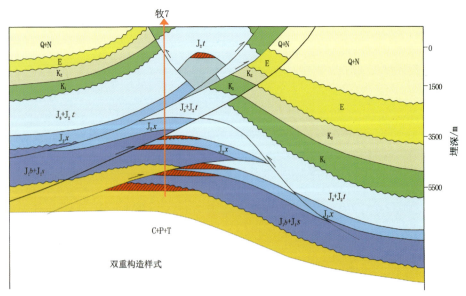

图 2-105　古牧地背斜构造过牧 7 井南北向油藏剖面图(据吴晓智等,2006)

2004年,经过三维复杂构造建模,认识到霍-玛-吐构造带深部,即霍-玛-吐推覆断裂下盘,在白垩系与侏罗系存在构造三角楔引起的背斜变形。重新成图发现玛纳斯背斜构造形态、构造高点都发生了较大变化(图2-106)。在旧图上,构造高点位于N8709附近,高点海拔-2600m,圈闭溢出点海拔-2800m。新图上,构造高点位于N8709以东3300m,高点海拔-2100m,圈闭溢出点海拔-2700m。利用旧图高点部署的1号井处于新图背斜构造的翼部。2006年7月,公司利用新图在玛纳斯背斜高点部署了2号井——玛纳1井。

2006年9月21日,玛纳1井在中组合的古近系紫泥泉子组获得日产天然气$51\times10^4\,m^3$的高产工业油气,从而发现了玛河气田。含气层位与呼图壁气田相同,两者的气源均来自中下侏罗统。

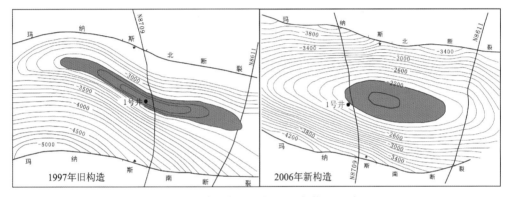

图2-106 玛纳斯背斜古近系紫泥泉子组底界旧、新构造图对比(据匡立春等,2012)

4. 2008年之后,宽线大组合地震攻关,重点勘探下组合,高探1井获突破

2008年开始,重点针对南缘下组合,持续开展综合研究、地震攻关和目标探索:①地质研究方面,开展下组合关键成藏要素研究,明确了烃源岩、储层和圈闭条件。②地震方面,开展二维宽线、高密度三维以及复杂构造叠前深度偏移处理。③工程方面,开展复杂构造、多套压力系统、巨厚塑性泥岩层钻井技术攻关。

2010年,针对西湖背斜钻探西湖1井,钻在侏罗系头屯河组圈闭的溢出点。

2012年,针对独山子背斜钻探独山1井,侏罗系头屯河组钻井取心,地层倾角45°~55°,与二维地震剖面不符。

两口井都由于圈闭不落实而失利。

2011年,在齐古背斜西侧低部位的齐古1井获工业气流,为齐古油田带来了新活力,为久攻不克的准南缘下组合增强了信心。

2011—2013年,针对霍玛吐背斜带开展的宽线大组合地震攻关,中深层地震资料成像品质明显改善,霍尔果斯背斜地层层序与总体构造样式得到进一步落实。

2017年,历时3年经过新一轮地质物探攻关,在卡因迪克油田之南约25km处,发现了下组合的隐伏构造——高泉背斜构造,具有"凹中隆"的优势,部署了高探1井(图2-107),设计井深5980m,其井位与2003年部署的高泉1井相距仅800多米。高泉1井因工程原因报废。

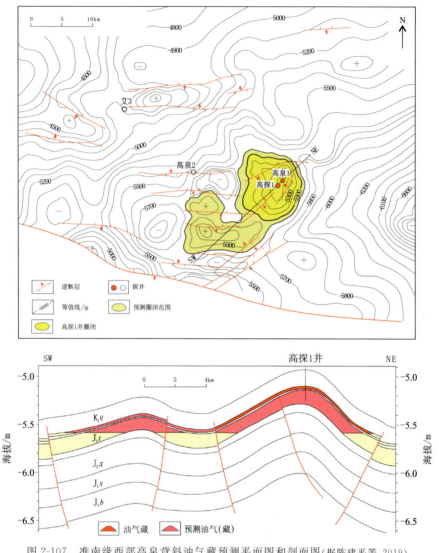

图 2-107　准南缘西部高泉背斜油气藏预测平面图和剖面图（据陈建平等,2019）

2018 年初,高探 1 井上钻。在白垩系清水河组、侏罗系头屯河组共解释油层 103.4m。

2019 年 1 月 6 日,高探 1 井在白垩系清水河组用 13mm 油嘴试油,获得原油 1213m³/d、天然气 32.17×10^4 m³/d 的高产油气流,试采产量稳定。

高探 1 井是准南缘下组合第一口高产井,也是当时中国陆上碎屑岩产量最高的探井。证实了侏罗系主力烃源灶,揭示下组合发育规模优质储层,白垩系超压泥岩具备良好的封盖条件,更加坚定了南缘寻找大油田的信心,在准南缘勘探史上具有重要里程碑意义。

2019 年 5 月 15 日,霍-玛-吐构造带呼图壁背斜构造上的风险井呼探 1 井开钻,目的是探索白垩系清水河组、侏罗系喀拉扎组含油气性。设计井深 7280m。经过钻井加深,于 2020 年 9 月 26 日,钻至 7601m 完钻。

2020 年 12 月 16 日,呼探 1 井在 7367~7382m 井段试获高产工业油气流,获得天然气 61×10^4 m³/d、原油 106.3m³/d。呼探 1 井成为准南缘下组合大构造首口天然气突破井,也是准南缘中段首次获得天然气勘探重大突破(图2-108)。

图 2-108　呼探 1 井区域位置图

案例六：泌 304 构造油藏

泌阳凹陷南部陡坡带栗园鼻状构造泌 304 油藏的发现，经历了 2 次"纠偏"过程。初期，二维地震无法落实鼻状构造高点。为此，采集三维地震进行构造"纠偏"，落实并钻探了构造高点，但采用的含油性标准有误，错失了发现良机。采用高精度三维地震深度偏移处理继续进行构造"纠偏"，准确落实了构造，获得突破。

泌阳凹陷南部陡坡带边界大断裂是基岩断面斜坡带，断面倾角较大，自西向东，主要发育井楼、江河南、栗园、梨树凹、下二门、老高店共 6 个局部构造。其中，泌 304 井所在的栗园构造为滚动背斜，核桃园组二段以上浅层主要发育滚动背斜，核桃园组三段则主要是断鼻。该区紧邻生油中心，为油气运移主要指向区，鼻状构造是有利的勘探目标(图2-109)。

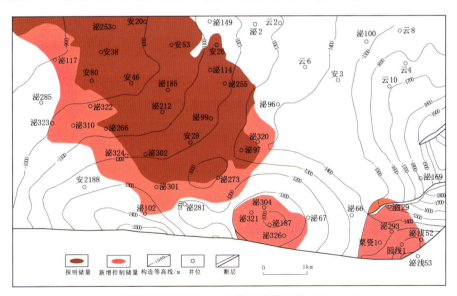

图 2-109　栗园滚动背斜泌 304 油藏区域位置图(据邱荣华等，2007)

南部物源的砂砾岩体在陡坡带呈裙带状叠合连片。南部陡坡带自西向东发育长桥、平氏、栗园、梨树凹、下二门等扇三角洲砂体。其中，栗园砂体是赵凹油田安棚含油区块、栗园含油构造的储集体,孔隙度为 7%～20%,渗透率为 $(20\sim500)\times 10^{-3}\mu m^2$。埋深 2600m 以浅的砂岩物性较好,但砂体根部、末梢及埋深较大的砂层则多为低孔低渗致密隔层。砂体前缘伸展到生油区,纵向上与生油层交错叠置,形成良好的生、储、盖组合(图 2-110、图 2-111)。

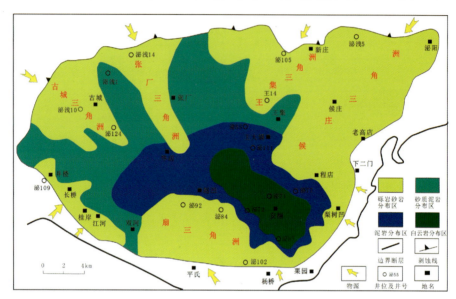

图 2-110 泌阳凹陷核桃园组三段砂体展布图(据邱荣华等,2007)

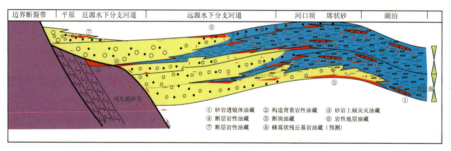

图 2-111 泌阳凹陷南部陡坡带油气成藏模式图(据昝新,2008)

栗园泌 304 鼻状构造油藏的发现,经历了 2 次勘探"纠偏"过程(邱荣华等,2007;袁玉哲等,2021)。

1. 1978—1979 年,二维地震难以落实构造,钻遇油藏低部位,勘探失利

利用二维地震编制核桃园组三段顶面反射层构造图,发现了栗园断鼻,在高部位钻探泌 66 井录井显示,但测井、试油均为水层。紧接着,在泌 66 井西部的高断块钻探泌 67 井,试油两层均为含油水层。为此,栗园勘探暂告一段落。

从 2005 年高精度三维叠前深度偏移处理资料的构造图来看,这两口井落空的原因一是二维地震品质差,构造不落实,两口井均位于栗园构造较低部位的油水边界以下(图 2-112);二是其他油田主要含油层系是核桃园组三段,栗园构造主力含油层系是核桃园组一段、核桃园组二段的上部浅层油藏。浅层为滚动背斜、中深层为断鼻构造。同一口井的位置,浅层可发现油气层，中深层则未能形成有效圈闭（图 2-113）。

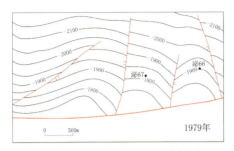 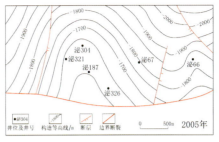

图 2-112　栗园地区二维地震核桃园组三段顶面反射层构造对比图（据邱荣华等，2007）

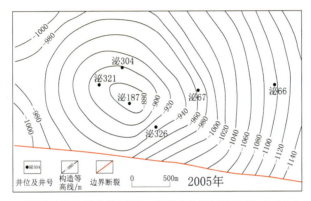

图 2-113　栗园三维地震核桃园组二段顶面反射层构造图（据邱荣华等，2007）

2. 1991 年，利用三维资料准确钻探构造高点，但含油性标准有误，错失发现

1991 年，利用早期三维资料编制了栗园核桃园组三段顶面构造图，在断鼻高点钻探了泌 187 井，见 17 层 122.7m 荧光、油迹显示。参考赵凹、双河油田油层含油性标准（油斑以上），电测解释无油气层，裸眼完钻。

根据后期的认识，泌 187 井录井显示级别低，原因是栗园构造邻近砂砾岩体主体，粒度粗，多为砾岩，原油附着在砾石表面，钻井砾石破碎后又经过泥浆冲洗，原油大部分脱离岩屑。双河、赵凹油田多位于扇三角洲前缘，粒度较细，岩屑破碎后仍能较好地保留储层颗粒及孔隙中的原油，因此多在油斑级以上，错过了发现机会。

3. 2005 年，高精度三维地震叠前深度偏移处理，准确落实构造，实现突破

2005 年，采用高精度三维地震叠前深度偏移处理，解决了边界断裂归位难的问题，在泌 187 井西北 700m 钻探了泌 304 井（图 2-113）。核桃园组一段、二段见 29 层 164.5m 油气显示，电测解释油层 5 层 24.1m，油水同层 2 层 13.2m，试油 2 层均获工业油流。实现了栗园构造的突破。在核桃园组一段、二段探明石油储量 1338.07×10^4 t，占赵凹油田探明储量的 36%，是泌阳凹陷丰度最高的油藏。

第七节 多层兼探,意外突破

油气作为可流动的矿产,其成藏规模非常复杂。多套含油层系并存的区带,在钻井之前,缺乏有效的技术手段能够清楚地知道哪些层系含油。为此,以其中一套层系为主,同时注意兼探其他层系,立体勘探,有目的层而不唯目的层,不失为增加勘探发现概率的有效做法。例如,在普光气田勘探长兴组—飞仙关组礁滩相目的层的同时,注重兼探其他层系,发现了嘉陵江组海相高产气层,以及须家河组、沙溪庙组陆相气层。在塔河油田勘探奥陶系岩溶缝洞型潜山油藏过程中,在沙雅隆起上兼探发现了石炭系、三叠系、侏罗系、白垩系中—小型砂岩油气田(藏)。在五百梯气田勘探石炭系黄龙组粒屑白云岩气藏过程中,兼探发现了上二叠统长兴组生物礁气藏,为后来黄龙场、七里北、高峰场等礁滩气藏的勘探提供了借鉴。

案例一:东河塘油田

东河塘油田的发现,是在类比邻区奥陶系潜山勘探成果,选择奥陶系潜山小背斜进行的井位部署,反而在非目的层石炭系获得了重大发现。发现井东河1井的成功,既得益于地质设计书构造解释的相对准确性,更得益于在非目的层侏罗系、石炭系钻井过程中发现油气显示时,及时分析、及时中途测试,从而实现了碎屑岩层系的重大突破。这说明,新区勘探坚持"有目的层而不唯目的层",充分运用邻区资料认真做好本圈闭的评价与预测,保持对油气新线索的敏感性,不放过任何一个有价值的信息,取全取准预探井的地质资料,往往能够发现新的含油气层。

东河塘油田位于塔北隆起轮台凸起东河塘断裂构造带,包括东河砂岩油藏的东河1、东河4,东河6、东河14共4个油藏及侏罗系油藏(图2-114、图2-115、图2-116)。

石炭系自下而上发育下石炭统巴楚组、下石炭统卡拉沙依组。巴楚组自下而上又可分为4个岩性段:东河砂岩段C9、含砾砂岩段C8、下泥岩段C7、生物碎屑灰岩段C6,再加上卡拉沙依组的中泥岩段C5,石炭系纵向上共划分为5个岩性段。其中,东河砂岩段C9为含油层段;其上覆致密的角砾岩段—中泥岩段为良好盖层,总厚度大于100m;二者构成了一个优质的区域性储盖组合,是塔里木盆地最重要的成藏组合之一。

东河砂岩是国内首次发现的巨厚的优质海相砂岩储层,发现井东河1井的砂岩厚度达257.0m。这是一套滨岸相砂岩,埋深虽达6000m左右,但储集性能依然优良,主要发育原生孔隙,未胶结或弱胶结充填。东河塘地区东河砂岩段孔隙度为16%~22%,最大达25.3%;渗透率为$(1\sim200)\times10^{-3}\mu m^2$,最大达$1915\times10^{-3}\mu m^2$。

东河塘油田,与同处哈拉哈塘凹陷周缘的轮古、塔河、哈得逊、英买1等油田一样,油源均来自于寒武系—奥陶系海相烃源岩。

至1994年,探明地质储量石油3323.13×10^4t,天然气$15.5\times10^8m^3$。其中,东河1背斜油藏规模最大,短轴背斜走向北东,北界受东河塘逆断裂控制,探明石油地质储量2398×10^4t,储量丰度292.4×10^4t/km^2,是典型的"小而肥"背斜块状底水油藏。

东河砂岩油藏地面原油密度为0.8547~0.8778g/cm^3,地面原油黏度为5.23~12.47mPa·s,饱和压力低(3.85MPa)、地饱压差大(55.38MPa)。

第二章 油气勘探突破类型

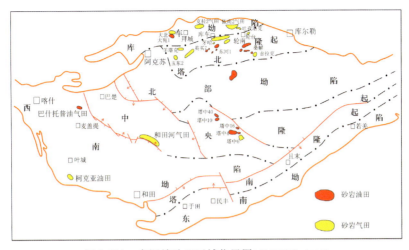

图 2-114　东河塘油田区域位置图(据黄召庭,2011)

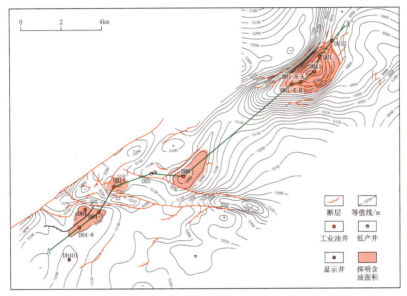

图 2-115　东河塘油田东河砂岩油藏分布图(据周新源等,2010)

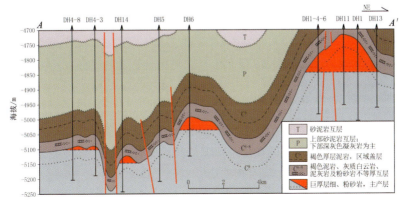

图 2-116　东河塘油田石炭系油藏剖面图(据周新源等,2010)

东河塘地区的油气勘探始于1983年。随着1984年沙参2井、1988年轮南1井、1989年英买1井相继在奥陶系碳酸盐岩获得高产油气流,奥陶系碳酸盐岩成为塔北隆起最重要的油气勘探目标之一。

1989年6月,利用二维地震资料,在塔北隆起中段的哈拉哈塘凹陷北侧、轮台和沙雅两条断裂之间,发现了一个奥陶系潜山小背斜,即东河1号背斜,圈闭面积3km^2,幅度20m,埋深5940m。当时并未意识到可能存在石炭系油气藏。奥陶系潜山规模小,但东面的轮台断裂上盘的雅克拉潜山、西面的英买1号背斜都在奥陶系获得了高产油气流,因此,认为二者之间的东河塘构造奥陶系的含油气可能性很大,决定钻探东河1井,主要目的层是奥陶系。

1989年9月,东河1井开钻前3个多月完成的研究报告《东河塘背斜的圈闭评价与预测》则认为,东河1井的石炭系岩性与同处轮台断裂带、相距32km的沙5井具有可对比性,预测石炭系在薄层白云岩以下发育厚约260m的砂砾岩好储集层。沙5井因缺失盖层,测试只返出180L软沥青。东河1井则发育泥岩盖层,含油气希望很大。为此,报告建议将主要目的层调整为石炭系,并编制出了石炭系油藏剖面预测图,与后来的实钻结果基本相符。报告中还指出,奥陶系最大风险是缺少好的盖层,这也被后来的钻探所证实。

1989年12月30日,东河1井开钻。钻井过程中,在石炭系东河砂岩段油气显示活跃,取心获得含油砂岩15.63m。

1990年7月11日,对东河1井石炭系5 755.4～5 782.8m井段进行中途裸眼测试,11.11mm油嘴,获得原油389m^3/d的高产油流,原油密度0.854 7g/cm^3,从而发现了东河塘油田。

东河1井的突破,首次在塔里木盆地上古生界石炭系发现了滨海相砂岩油藏,首次在国内6000m左右深度发现优质高产砂岩储层,是国内海相砂岩油气勘探的重大突破。之后,国家加快了油藏评价,并不断扩大战果,又相继发现了东河4、东河6、东河14等东河砂岩油藏。

至1994年底,东河塘油田东河砂岩油藏探明石油地质储量2980×10^{4}t。

东河1井原设计主要目的层是奥陶系碳酸盐岩,却在上覆的石炭系获得重大突破。成功的关键在于井位设计书中2条过井地震测线上,石炭系底面与侏罗系底面的高点基本准确。更为关键的是,东河1井设计的主要钻探目的层是奥陶潜山灰岩,但是录井发现侏罗系油砂后,并没有将油气显示放过,而是立即中途测试。同时,在钻至石炭系生物碎屑灰岩段之后,槽面布满了油气,曾经掩盖了下伏东河砂岩的油气显示;但在下完套管后,槽面显示依然活跃,随即取心、及时测井、及时中途测试,从而发现了石炭系东河砂岩油层(梁狄刚,1999;周新源等,2010)。

东河塘油田的发现,有力地带动了塔里木盆地海相砂岩油气藏的勘探(图2-117)。

案例二:哈得逊海相砂岩油田

满加尔凹陷北坡鼻状构造带上的哈得逊油田,是在以东河砂岩为目的层甩开钻探的哈得1井东河砂岩缺失,但"意外"发现了石炭系中泥岩段内部的薄层砂岩油藏,从而获得的突破。按照砂体沉积规律,往沉积斜坡低部位追踪钻探哈得4井又发现了东河砂岩,从而发现了哈得逊亿吨级海相砂岩油田。在之后的评价勘探中,再次"意外"发现了志留系砂岩油藏。

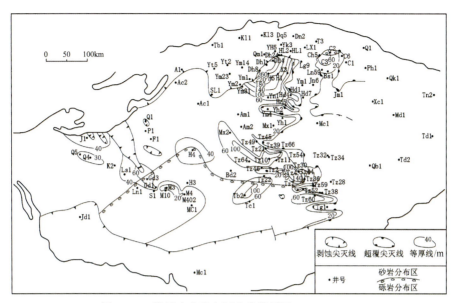

图 2-117　塔里木盆地东河砂岩等厚图(据王锋,2007)

哈得逊油田位于塔里木盆地北部满加尔凹陷哈得逊构造带,属于轮南低凸起向南延伸,伸入满加尔凹陷的鼻状构造带,是典型的凹中隆。哈得逊构造带是在早古生代晚期—晚古生代早期古隆起背景上形成的石炭系低幅度背斜构造带,长轴呈北东-南西向展布,以斜坡为主,断裂和二级构造带不发育(图 2-118、图 2-119)。

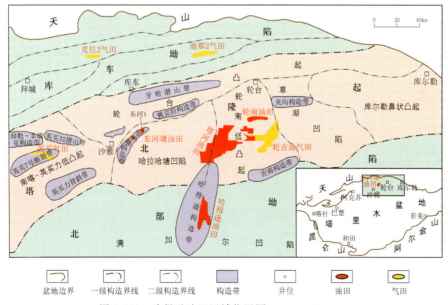

图 2-118　哈得逊油田区域位置图(据周新源等,2010)

下古生界地层南低北高、南厚北薄,志留系—奥陶系往北逐层剥蚀。上古生界缺失泥盆系,石炭系直接超覆于志留系之上,总体上南高北低、南厚北薄。中—新生界地层南薄北厚、南高北低(图 2-120)。

· 103 ·

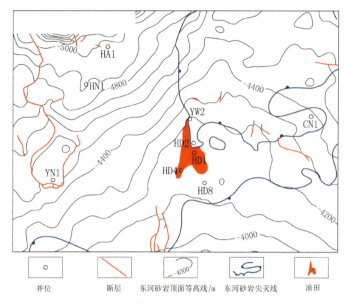

图 2-119 哈得逊油田东河砂岩顶面构造图(据周新源等,2007)

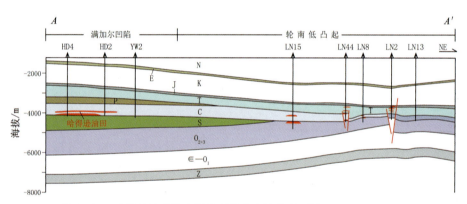

图 2-120 哈得逊油田轮南低凸起北东向地质剖面图(据周新源等,2007)

哈得逊油田包括 3 个独立油藏,分别是石炭系东河砂岩油藏、石炭系中泥岩段薄砂层油藏、志留系柯坪塔格组上 3 亚段油藏。其中,东河砂岩与其直接盖层 C6 角砾岩段、石炭系中部厚层泥岩段中所夹的薄层细砂岩、志留系柯坪塔格组上 3 亚段砂岩与上覆石炭系角砾岩段 C6,成为本地区 3 套良好的储盖组合。油气均来自满加尔凹陷寒武系—奥陶系海相烃源岩。石炭系中上泥岩段为良好的区域性盖层(图 2-121)。

主力油层石炭系东河砂岩段,是晚泥盆世晚期—早石炭世早期在西低东高的古地貌背景上沉积的海侵体系底砾岩段,在全盆地范围内岩石地层穿时分布(图 2-122),以细粒石英砂岩为主,发育粒间溶孔。孔隙度为 $12.5\% \sim 20\%$,平均 13.8%;渗透率为 $(50 \sim 1000) \times 10^{-3} \mu m^2$,平均 $222 \times 10^{-3} \mu m^2$。

石炭系中泥岩段内部夹的薄砂岩层,为潮坪相潮间带亚相沉积,因潮水浸没过后能量迅速衰减,形成了厚度薄、面积大的席状砂。中泥岩段以细粒长石砂岩为主,发育受溶蚀改造的原生孔,中孔、中渗,由南向北物性变差。

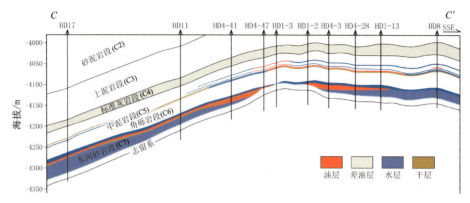

图 2-121　哈得逊油田过东河 17 井—东河 8 井石炭系油藏剖面图(据周新源等,2007)

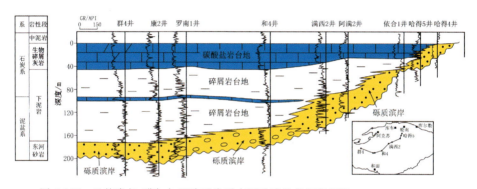

图 2-122　巴楚隆起-满加尔凹陷石炭系东河砂岩连井沉积相图(据申银民等,2011)

哈得逊东河砂岩油藏为东河砂岩顶面构造等高线与东河砂岩尖灭线共同组成的地层-构造复合油藏(图 2-119)。中泥岩段构造为古鼻隆上的继承性披覆构造。

哈得逊油田埋深超过 5000m,构造幅度小于 34m,储层薄且变化大,厚 0~29m,叠合含油面积达 200km², 原油性质分区明显,储量丰度低,大部分小于 30×10^4 t/km²。

东河砂岩段油藏具有统一温度压力系统,具有倾斜的油水界面,自东南向西北逐渐降低,最大高差达 178.33m。

哈得逊油田从圈闭研究开始到形成亿吨级大油田,历时 8 年,分为 2 个阶段(周新源等, 2007;孙龙德,2008;璩暨,2011;申银民等,2011)。

1. 1996—1998 年,二维部署钻探东河砂岩,目的层缺失,意外发现薄砂层油藏

1996 年,利用 2km×2km 二维地震测网,落实了哈得 1、哈得 2 两个石炭系东河砂岩低幅度背斜构造。

1997 年下半年,在满加尔凹陷北坡幅度仅 30m 的哈得逊 1 构造圈闭上确定了哈得 1 井井位。

1997 年 10 月 13 日,哈得 1 井开钻。

1998 年 2 月 21 日,针对哈得 1 井下石炭统中泥岩段中的薄砂层进行完井试油,7.94mm 油嘴求产,获得原油 114m³/d 的高产油流。试采后,产量稳定。

哈得 1 井与之后钻探的哈得 2 井,尽管缺失了东河砂岩段,但证实了哈得逊前石炭系古鼻隆的存在,"意外"发现了哈得逊油田薄砂层油藏(图 2-123)。

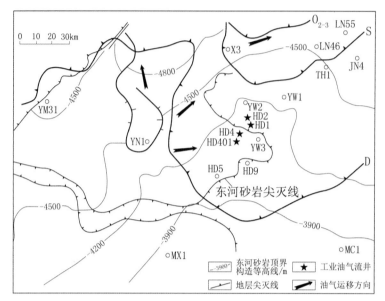

图 2-123 哈得逊地区东河砂岩顶面构造及古生界地层剥蚀线分布图(据赵靖舟等,2002)

1998 年 10 月,上交哈得 1、哈得 2 井区石炭系中泥岩段油藏控制储量 $1008 \times 10^4 t$,含油面积 $61.5 km^2$。

2. 1998 年 9 月—2000 年,按砂岩沉积规律,探索沉积斜坡低部位,发现东河砂岩油藏

尽管前期描述的东河砂岩低幅构造圈闭不存在,但结合塔里木盆地东河砂岩沉积与分布受前石炭纪古鼻隆起控制的特征,认为,哈得逊古鼻隆下倾方向,很可能发育东河砂岩,并发育东河砂岩地层超覆型圈闭。

为此,1998 年 9 月,在海拔相对较低的哈得 4 号东河砂岩低幅度背斜构造圈闭南高点部署了哈得 4 井,继续探索东河砂岩油气藏。哈得 4 井钻遇石炭系东河砂岩段 24m,并发现良好油气显示。

1998 年 11 月 30 日,对哈得 4 井东河砂岩段 5 069.64~5 076.72m 井段中途测试,8mm 油嘴求产,获日产 $266m^3$ 的高产油流,从而首次在满加尔凹陷发现东河砂岩优质油藏。

自 1998 年以来,中国石油塔里木油田分公司创造性地实施勘探开发一体化,使哈得逊油田从边际低效小油田一跃成为了高效开发油田的典范。2000 年,哈得逊油田投入开发。

至 2002 年底,哈得逊油田累计探明石油储量 $4869 \times 10^4 t$。

随着勘探工作的不断深入,逐步认识到,哈得逊地区处于石炭系东河砂岩沉积的古海岸线附近,水体较浅,波浪或潮汐作用较为强烈,发育了优质砂岩储层。哈得逊向北至轮南古隆起高部位,东河砂岩超覆缺失,代之以较粗粒的砂砾岩和砾岩沉积,储集条件较差;向南至古隆起低部位,东河砂岩沉积变细,泥质含量增高,物性变差(图 2-117)。

哈得逊油田产能建设过程中,发现东河砂岩油藏的油水界面并不统一,而是由东南向西北倾斜(图2-121)。塔里木油田分公司通过开展油藏特征、古构造演化、成藏地球化学研究与数值模拟等,分析了东河砂岩油气充注成藏过程,创造性地提出了"后油藏"概念和"非稳态动态成藏"理论,预测了哈得逊油田东河砂岩油藏具有继续向西北扩大的趋势,及时指导了东河砂岩油藏的滚动勘探开发,含油面积和油藏规模继续扩大(图2-124)。

2004年底,哈得逊油田探明和控制石油地质储量 $11\,022\times10^4\,t$,其中探明 $8202\times10^4\,t$,控制 $2820\times10^4\,t$,成为国内首个超亿吨级海相砂岩油田。

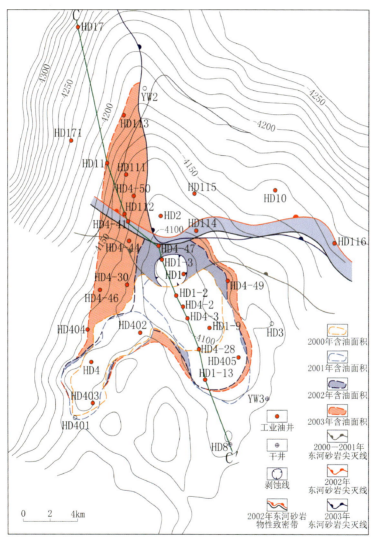

图 2-124 哈得逊油田东河砂岩油藏含油面积变化图(据周新源等,2007)

2005年底,又在哈得逊北部的哈得18C井志留系柯坪塔格组上3亚段获高产工业油流,发现了哈得18志留系油藏(图2-125、图2-126)。

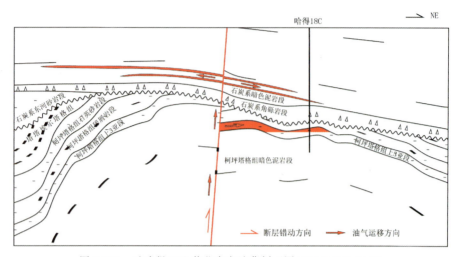

图 2-125　过哈得 18C 井北东向油藏剖面图(据徐汉林等,2008)

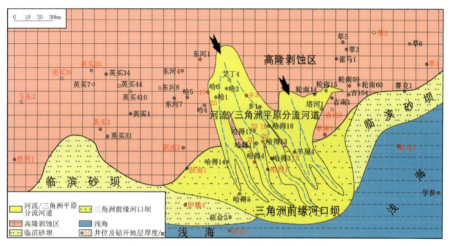

图 2-126　塔北隆起柯坪塔格组上段低位域沉积体系图(据司宝玲,2009)

案例三:轮南中生界油气田群

轮南中生界亿吨级油气田群,是在预探上古生界石炭系—二叠系"可疑礁"的过程中,"意外"发现的。

轮南低凸起以奥陶系潜山顶面构造为依据,可划分为 7 个构造带:Ⅰ于奇(或北部)潜山带;Ⅱ轮南断垒潜山—背斜带;Ⅲ中部潜山带;Ⅳ桑塔木断垒潜山—背斜带;Ⅴ艾协克断块潜山—背斜带;Ⅵ牧场—桑塔木盐边构造带;Ⅶ兰尕、塔河南潜山—盐丘构造带。塔河、桑塔木、轮南、解放渠、吉拉克油田发育了多个中生界油藏。其中,三叠系油藏包括塔河 1 号、塔河 2 号、轮南 2 井区等(图 2-127)。

第二章 油气勘探突破类型

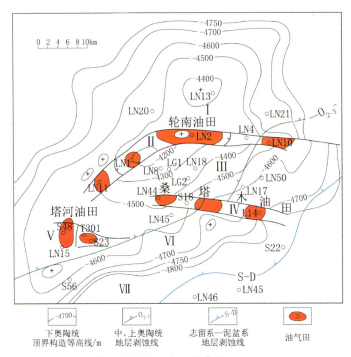

图 2-127 轮南低凸起油气田分布图(据何登发等,2002)

中—上三叠统自上而下发育 3 个油组,储层物性以 TⅡ 油组最好,TⅢ 次之,TⅠ 较差。平面上由北向南储集性能有变好趋势。中三叠统为辫状河三角洲平原与滨浅湖亚相沉积,上三叠统为辫状河三角洲前缘与滨浅湖亚相沉积。溶蚀作用对储集性能的改善较大。中三叠统泥岩和新近系吉迪克组膏泥岩为中生界 2 套区域盖层(图 2-128)。

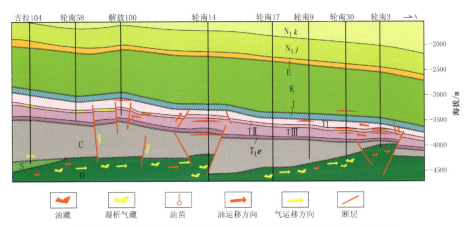

图 2-128 轮南地区三叠系油气藏近南北向剖面图(据孙一芳,2017)

1986 年 1 月—1986 年 3 月,原石油部塔里木研究联队在塔里木河以北、轮台以南,发现了一系列石炭系—二叠系地震异常体,反射特征是具丘状外形、内部呈杂乱反射结构,其两侧或一侧有连续性好的反射,向异常体超覆、收敛,形成披盖。原石油部塔里木研究联队认为异常体的反射结构和形态特征,可与国内外的已知礁群相类比。同时,在盆地边缘露头区的石炭系—二叠系地层中,见到可形成生物礁的苔藓虫、珊瑚群体和生物碎屑灰岩,由此认定塔里木石炭系—二叠系海相沉积具有形成生物礁的条件,称为"可疑礁"。轮南"可疑礁群"二维测线大面积成图显示"礁群"东西长约 120km、南北宽约 45km,分布面积为 3500km^2,包括 19 个大小不等的异常体(图 2-129)。据此,原石油部塔里木研究联队部署了轮南 1、2 井。

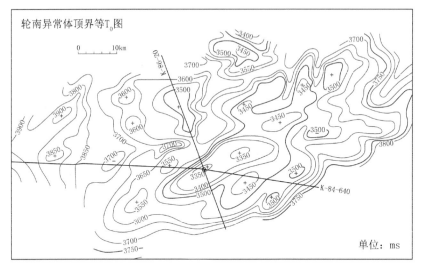

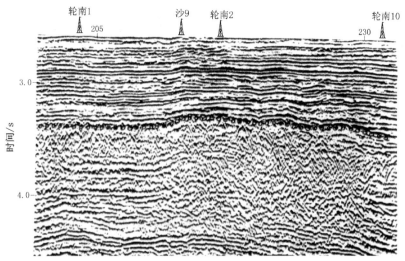

图 2-129　轮南石炭系—二叠系"可疑礁"异常体顶界构造及地震剖面(据梁狄刚,1998)

1987 年 1 月,地矿部西北石油局决定先钻轮南 1 井。

作为新区第一口预探井,由于缺少地震速度资料,用等 T_0 图确定了轮南 1 井井位。井位设计书提及:①异常体层位属石炭系—二叠系"可疑礁";②异常体顶面埋深 5270m;③石炭系底为 6000m,下伏层位是志留系,完钻深度 6500m。

1987 年 3 月 27 日,轮南 1 井开钻。1987 年 7 月,钻至 4590m 发现了下侏罗统煤系地层,在库车坳陷是生油层。为此,在煤系暗色泥岩之下取心,发现了三叠系砂岩油层。

1997 年 9 月 21 日,对轮南 1 井 4 744.47～4 847.05m 井段中途测试,9.55mm 油嘴获得

原油 28m³/d,首次在塔北隆起发现了三叠系工业油流。

1989年3月28日至同年4月2日,对轮南1井完井试油,对5038~5085.51m井段奥陶系灰岩进行酸化后,11.11mm油嘴获得原油97.46m³/d。接着又在三叠系第Ⅲ油组4913~4926m井段,用12.7mm油嘴求产,获得原油65.76m³/d,天然气8.19×10⁴m³/d。

1988年3月24日,轮南2井开钻,同年10月11日完钻。同年11月25日在三叠系Ⅱ油组试油,获得原油631.79m³/d,天然气11.9×10⁴m³/d的高产。接着又在三叠系Ⅰ油组和侏罗系Ⅱ、Ⅳ油组分别获得了510m³/d,306m³/d,296m³/d的高产原油,证实了轮南2井区是轮南油田多层系富集高产区(图2-130)。

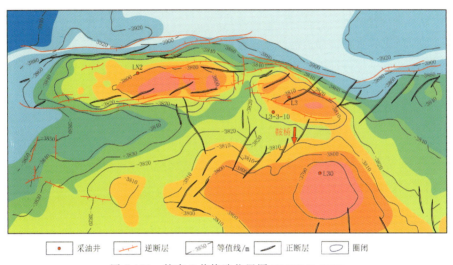

图2-130 轮南2井构造位置图(据杨彦东,2019)

部署在轮南低凸起西高点上的轮南1井,其目的是解剖轮南1号异常体地质特征及含油气性,兼探上覆中生界及异常体之下的古生界隆起含油气性。设计的主要目的层是石炭系—二叠系地震异常体("可疑礁")。实钻表明,石炭系—二叠系在轮南1、轮南2井都不存在。异常体顶面实际上是下奥陶统潜山风化壳顶面。尽管缺少地震速度资料,异常体顶面实钻深度比设计浅了230m,但高点相对位置可靠,保障了轮南1井三叠系和奥陶系的重大突破(梁狄刚,1998;金晓辉等,2008)。

轮南1、轮南2井取得重大突破,首次在塔北隆起上发现了中生界三叠系、侏罗系高产含油气层系,且比沙参2井下古生界碳酸盐岩更能高产稳产。

截至1993年,轮南、桑塔木、吉拉克、解放渠东油田合计油气储量达到1.04×10⁸t,年产油能力达到130×10⁴t,率先在塔北建成了油气产能基地。

"意外"发现的三叠系优质砂岩高产油层,不仅带动了轮台低凸起上轮南、达利亚等中生界亿吨级油气田群的发现,并且促使开展了雅克拉、英买力地区老井的复查、测试以及东河塘、牙哈地区的预探。勘探先后发现了雅克拉白垩系凝析气藏及英买力白垩系、东河塘石炭系、牙哈古近系和新近系高产油气藏,促使塔北油气勘探的主要目的层由古生界海相碳酸盐岩转向了中生界、古生界碎屑岩,勘探目标由下古生界潜山或断块转向了碎屑岩低幅度圈闭(图2-131)。

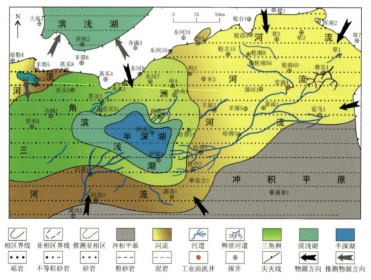

图 2-131 塔北地区中三叠统克拉玛依组一段沉积相图(据时晓章等,2012)

案例四:安岳沧浪铺组气藏

2011年,安岳大气田突破发现之后,中国石油立足于北斜坡灯影组台缘带,兼顾多层系,实施立体勘探。

2018—2020年,中国石油3年整体部署三维地震4450km²,钻探风险井2口,预探井2口。

2019年,风险井角探1井在灯影组四段解释气层100m,沧浪铺组一段解释气层14.5m。角探1井在沧浪铺组钻遇厚度为14.5m的白云岩气层,该层系再一次引起了重视。

经复查,盆地内钻遇沧浪铺组探井148余口,其中52余口井在沧浪铺组一段见到较好的油气显示。同时,角探1、CT1、CS1等多口井测井解释证实沧浪铺组储层物性较好、厚度较大(图2-132)。因此,中国石油决定对角探1、CT1井沧浪铺组开展试油。

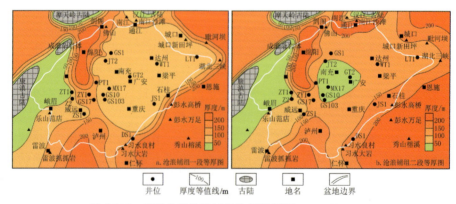

图 2-132 四川盆地沧浪铺组地层等厚图(据乐宏等,2020)

2020年10月15日,对角探1井沧浪铺组测试,获得 $51.62 \times 10^4 \text{m}^3/\text{d}$ 的工业气流,实现

了四川盆地沧浪铺组油气勘探首次战略突破。

裂陷槽北坡沧浪铺组颗粒滩紧邻裂陷槽生烃中心，断裂系统发育。沧浪铺组直接覆盖于筇竹寺组烃源岩之上，"下生上储"源储配置有利。角探1井位于构造背斜高部位及斜坡区，上倾方向的断裂、上覆沧一段的泥岩及滩间致密岩性带封堵，形成了构造-岩性复合气藏（图2-133）。

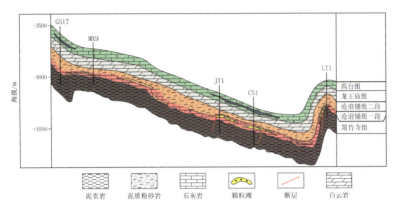

图 2-133　四川盆地沧浪铺组天然气成藏模式图（据乐宏等，2020）

角探1井沧浪铺组油气勘探首次战略突破，对于推进奥陶系以及寒武系高台组、洗象池组等新层系的油气勘探，具有指导意义。

第八节　脑中有油，冒险突破

华莱士·普拉特提出"头脑中有油"这一油气勘探准则，需要知识、经验与智慧的有效积累；而勘探人员将这一准则再应用到勘探实践中，更需要知识、胆识与魄力。

要做到"头脑中有油"，勘探人员首先要坚信存在油气的基本地质条件。在新区的生、储、盖、运、圈、保6项地质条件中，勘探人员首先要认识到有油气源，然后才是油气田。只盯着如何发现大油气田，而不扎实研究有没有油气源、油气能不能运移到油气藏中，找到了油，其实一半是运气；找不到油，则更多地是必然。

坚信新区有油，在没有任何成藏地质模式可以借鉴，且关键的成藏地质条件只有通过钻井才能揭示的情况下，勇冒风险，就成了勘探突破的唯一选择。

案例一：任丘古潜山油田

任丘古潜山油田经历了3个探索阶段才得以发现，从历程中看，正是一个既没认识到"有潜山藏"而先找"藏"、再探"源-断-潜山藏"、最后源内"意外"突破发现潜山油藏的反向认识过程。当然更是一个坚信有油、逐步逼近油源，将"头脑中有油"的准则转变为重大突破的过程。也说明，"头脑中有油"首先是要有油源，认识不到油源，就建立不起"头脑中有油"的完整认识。

任丘油田处于渤海湾盆地冀中坳陷饶阳凹陷中央潜山构造带，呈北东向展布，包括任9、任6、任7、任11共4个主要山头。任丘潜山构造带的四周被古近系沙河街组生烃深洼槽包围。潜山西翼以任西大断层与任西洼槽相接,东翼呈斜坡状与马西洼槽相临,北端倾没于莫东洼槽,南端倾没于河间洼槽,潜山分布面积达500km²。这些深洼槽都是冀中坳陷最好的生油洼槽。潜山北、东、南3个方向,古近系生油层都是以地层不整合超覆在潜山之上,与生油层接触面积达450km²。潜山西面以断面与任西洼槽生油层接触,接触面积达90km²。优越的"凹中山"供烃环境,为任丘潜山提供了充足的油气源(图2-134、图2-135)。

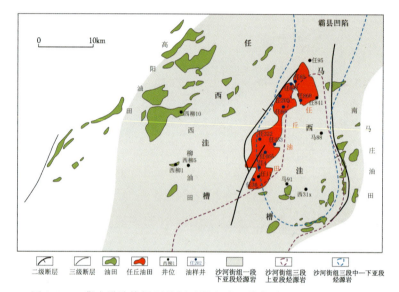

图2-134 冀中坳陷饶阳凹陷任丘潜山油田分布图(据陈晓艳等,2020)

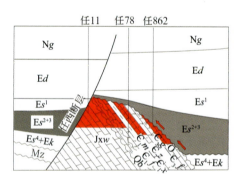

图2-135 任丘潜山近东西向油藏剖面图(赵贤正等,2014)

任丘潜山油田主要储层为中元古界—下古生界碳酸盐岩,缝、洞、孔十分发育。油源来自上覆及侧向对接的古近系沙河街组三段暗色泥岩生油层,属于"新生古储"型油藏。潜山油藏的盖层为上覆的沙河街组三段厚层湖相泥岩(图2-136)。潜山西侧的任西断层下降盘,潜山侧向直接对接沙河街组一段和东营组泥岩。生、储、盖组合有利,油气封堵条件有利。

任丘潜山内幕地层南老北新,自南向北,依次为蓟县系(雾迷山组)、青白口系、寒武系,直到任北坡的奥陶系(图2-137)。潜山内幕地层倾角较大,潜山地层裸露,长期深度风化。青白口系为泥岩与砂岩的互层,为不渗透层,是下伏雾迷山组油藏的隔层。雾迷山组、奥陶系均发育岩溶缝洞。寒武系中白云岩、灰岩层为良好储层,泥灰岩、泥岩层则为不渗透的隔层。

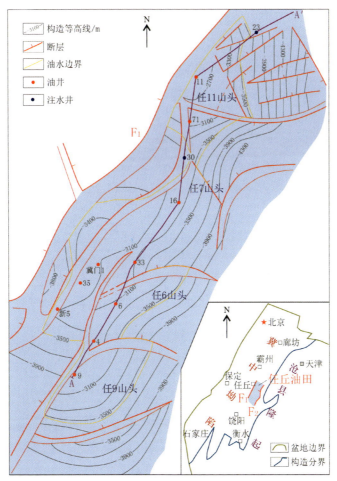

图 2-136　任丘潜山雾迷山组油藏顶面构造图（据费宝生等，2005）

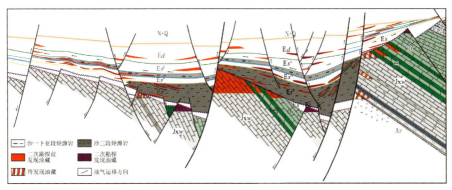

图 2-137　任丘潜山油气藏模式剖面图（据侯凤香等，2017）

潜山内幕高点不在潜山高点的北部，而是在潜山的南端。内幕地层倾角为 20°~30°，整个潜山的内幕构造呈半背斜状态。

任丘潜山断层，特别是任西断层在东营组末期活动大为减弱，馆陶组断距很小，使油藏避免了破坏。同时，任丘油田处于地下水缓慢交替区，具有良好的保存条件。

整个油藏山头高低不一、断层分割,但油藏储集空间是统一的连通体,油水界面均为3510m,为大型底水块状油藏(图2-138)。

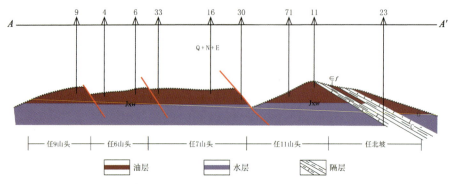

图 2-138　任丘潜山近北东向油藏剖面图(据费宝生等,2005)

任丘潜山油藏的勘探历程可分为3个阶段(费宝生等,2005;杨克绳,2013)。

1. 20 世纪 60—70 年代,区域勘探,在坳中凸起奥陶系见原油,效果差而转移

初期,在唐山地区奥陶系灰岩晶洞中见到了大量原生油苗显示。黄5井在奥陶系灰岩发生井喷,从而把下古生界奥陶系作为冀中坳陷主要勘探目的层。

1963—1965年,为了以参数井"定凹",原地质部在冀中坳陷中部打了冀参1、2、3、4井,组成了参数井大剖面。

原石油部选择华北地区4个凸起:冀中坳陷凤河营构造带(时称为凤河营凸起)、黄骅坳陷港西、孔店、徐扬桥凸起,钻探了10口井。其中,港1井在奥陶系灰岩风化壳获得原油3.85t/d;凤河营潜山的河1井在奥陶系灰岩钻遇油斑显示达450m,但测试仅获少量天然气。

当时认为,古生界地层经历多次构造抬升,长期遭受风化剥蚀,造成了油气的破坏与散失。同时,随着大港油田的发现,勘探重点转向了冀中坳陷古近系和新近系砂岩。

2. 20 世纪 70 年代初期,类比沾 11 潜山,寻找运移指向凸起,远离油源而落空

1972年10月,义和庄凸起上的沾11井在奥陶系灰岩获千吨高产油流,逐渐认识到,古近系和新近系生成的油,可通过断层向潜山运聚成藏。为此,又掀起了古生界找油的热潮,选择钻探港西、小韩庄、老王庄、兴济、大城5个凸起。但仅在大3井获得少量天然气,大2井石炭系—二叠系见气显示。

由于只选大山头、高山头,对古近系和新近系油源与潜山的组合关系缺乏认识。因此,选择的目标距离油源太远,未能获得突破。

3. 1973—1975 年,源内找油,钻探"凹中山","意外"获突破

1973年,在冀中坳陷勘探突破口会议上,优选高阳、任丘、高家堡等4个生油凹陷中的古近系和新近系构造带重点突破。

1974年,高家堡构造的家1井在沙河街组获得原油63.3t/d的自喷高产油流。

1974年9月,河北省地质局石油大队在任丘构造带钻探的冀门1井,在井深2981m钻穿古近系,取心见到0.93m硅质白云岩裂缝-晶洞含油,槽面油花面积最高达40%。由于不清楚碳酸盐岩的地层时代,加上勘探目的层为古近系,这一活跃的油气显示没有引起足够的重视。

1975年2月,在任丘构造带辛中驿断块上钻探的任4井,目的是追踪任2井沙河街组二、三段油层,钻至古近系油层后留足"口袋"完钻。任4井距离冀门1井东南约5km,受冀门1井的启发,要钻穿古近系进入碳酸盐岩。

1975年6月,任4井于3151.55m钻穿古近系进入碳酸盐岩,在3161~3184.6m井段见到4处硅质白云岩裂缝含油,含油岩屑达5%。同时,在井深3177~3184m漏失泥浆14m³。经反复讨论,克服井漏,钻到3200.64m完钻。为了保护潜山油层,在潜山顶部打悬空水泥塞,安装油层套管,然后钻开水泥塞试油,喜获高产工业油流。

1975年7月3日,任4井大型酸化后,油管放喷获得原油1014t/d,从而发现了任丘蓟县系雾迷山组碳酸盐岩潜山高产大油田,是我国当时最大的海相碳酸盐岩潜山高产油田。实现了当年勘探,当年开发建产1000×10^4t,当年收回全部投资。

任丘潜山的突破,产生了"凹中山""新生古储"等成藏新模式,带来了认识上的飞跃,指导了冀中坳陷潜山油气藏的勘探。1975—1978年,任丘、雁翎、薛庄、八里庄、八里庄西、留北、河间、南孟、龙虎庄等一大批古潜山油气田相继被发现,累计探明石油地质储量6×10^8t。

任丘潜山油田的发现,既有偶然,更是必然。偶然性在于,没想到凹陷中发育基岩隆起,更没想到是中元古界蓟县系雾迷山组。必然性在于,当时勘探人员已经认识到,生烃洼槽包围的构造带是油气聚集的有利带,在勘探过程中不断趋近油源,就一定能突破。

案例二:安岳气田

威远气田的发现是早期寻找背斜大构造的成功案例。安岳大气田的发现,则得益于绵阳-长宁拉张槽的提出,认识到四川盆地海相下组合存在台缘礁滩相优质储层发育模式与槽生台储成藏模式,实现了由隆起区寻找构造气藏到台缘带寻找构造-岩性气藏的战略性转变,从而实现了突破,快速落实了万亿立方米大气区。

安岳气田位于川中古隆起平缓构造区的威远-龙女寺构造群,处于乐山-龙女寺古隆起区,东至广安构造,西邻威远构造,北邻蓬莱镇构造,西南到河包场、界石场潜伏构造,与川东南中隆高陡构造区相接(图2-139)。

川中古隆起形成于志留纪末,延续至二叠纪前。以志留系全剥蚀区计算,面积达6.25×10^4km²。多套广覆式优质烃源岩与大面积岩溶储层的互层叠置、大型稳定古隆起的继承性发育与成藏要素的演化匹配,成为四川

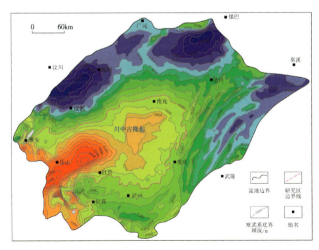

图2-139 川中古隆起寒武系底界构造分布图(据罗冰等,2015)

盆地最有利的天然气聚集区(图 2-140)。

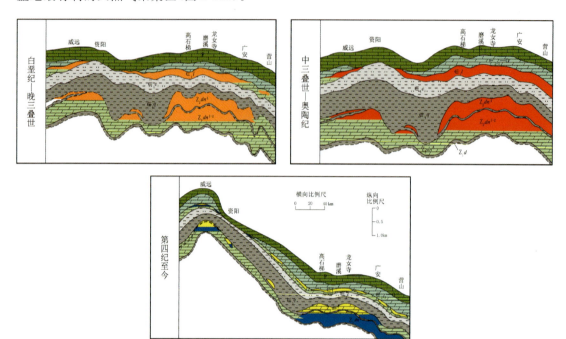

图 2-140　川中古隆起灯影组、龙王庙组油气藏演化图(据罗冰等,2015)

绵阳-长宁拉张槽内的下寒武统麦地坪组及广泛分布的下寒武统筇竹寺组为主要的烃源岩,拉张槽边缘台地的灯影组优质礁滩相及局限台地沧浪铺组、龙王庙组的颗粒滩相发育了优质的孔洞型白云岩储层,形成了"旁生侧储""下生上储"式的源储对接关系。下寒武统筇竹寺组泥质岩段、中寒武统膏盐段,分别是灯影组、龙王庙组储层的有利盖层。生、储、盖组合有利(图 2-141)。

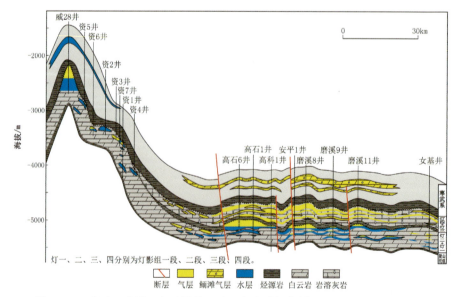

图 2-141　威远—磨溪—高石梯震旦系—寒武系气藏剖面图(据杜金虎等,2013)

· 118 ·

安岳气田上震旦统灯影组二段、四段储层岩性主要为礁滩相的藻凝块云岩、藻砂屑云岩，储集空间以裂缝-孔洞为主。岩心孔隙度平均 3.47%，最大为 14.47%；渗透率为 $(0.0054\sim76)\times10^{-3}\mu m^2$，平均 $2.08\times10^{-3}\mu m^2$。灯影组二段钻遇储层厚 28~340m，平均 93.36m。灯影组四段储层厚 47.75~148.23m，平均 88.54m。

下寒武统龙王庙组储层主要岩性为颗粒滩相的白云质灰岩、泥质灰岩、泥质白云岩等，储集空间主要为裂缝-孔隙。岩心孔隙度平均 4.81%，最大为 18.48%；渗透率平均 $2.33\times10^{-3}\mu m^2$，最大为 $50.4\times10^{-3}\mu m^2$。厚储层主要集中在磨溪地区，一般为 3.1~64.5m，平均 39.1m。

自威远气田到安岳大气田的突破发现，共经历了 3 个阶段（郑兴平，1997；罗志立等，2012；杜金虎等，2013，2016；罗冰等，2015；许红等，2016；陈安清等，2017；孙玮等，2017；乐宏等，2020；赵路子等，2020）。

1. 1976—2000 年，按照构造控藏思路，三探川中古隆起，未成功

威远气田发现以后，按照构造控藏思路，三探川中古隆起，接连受挫。

1976 年，在古隆起东部钻探女基井，灯影组测试获日产气 $1.85\times10^4 m^3$ 的工业气流，初步认为，古隆起构造对震旦系油气可能有控制作用。随后钻探乐山-龙女寺隆起南缘的自流井等 4 个地面构造，全部失利。古隆起勘探第一次受挫。

"八五""九五"（1991—2000 年）期间的研究揭示，古隆起形成于加里东期，定型于喜马拉雅期，古隆起发育印支期古圈闭。

1990 年，发现资阳地区存在灯影古背斜圈闭。为了寻找构造气藏，在资阳钻探了资 1、资 2、资 3、资 4、资 5、资 6、资 7 共 7 口探井，资 1、资 3、资 7 这 3 口获工业气流，成功发现了资阳含气构造。其中：

1993 年，钻探资 1 井，灯影组试油日产气 $53.3\times10^3 m^3$、日产水 86m³。

1994 年，钻探资 2、资 3 井，资 3 井在灯影组二、三段获得日产气 $115.4\times10^3 m^3$。资 2 井仅产微量气与少量水。

圈闭内的资 7 井，日产气 $97.4\times10^3 m^3$、日产水 377m³。

证实资阳地区灯影组气藏处在威远构造北翼的大单斜上，无明显构造圈闭，气藏复杂。1995 年，资 1、资 3 井区 50km² 范围提交控制储量 $102\times10^8 m^3$。

威远构造外围斜坡区局部构造保存条件差，以产水为主，勘探难以拓展。古隆起勘探二次失利。

"八五""九五"的两轮国家科技攻关，认识到，古隆起顶部及上斜坡带是油气有利区。为此，古隆起东部的高石梯-磨溪构造钻探高科 1 井、安平 1 井等，仅获低产气流。古隆起西南翼的周公 1 井、盘 1 井出水。古隆起三探未果。

经历了"三上龙门山、四上海棠铺、三次川中大会战"，四川盆地长期未获新突破。一时之间，南方油气勘探"悲观论"占上风，认为南方油气成熟度过高、保存条件差。

2. 2006—2012 年，提出绵阳-长宁裂陷槽，风险勘探台缘礁滩，发现安岳气田

2006 年，四川盆地震旦系—下古生界被列入中国石油重点风险勘探领域。通过资阳、安平店钻井-地震资料和构造特征研究,发现震旦系与寒武系地层厚度存在反镜向关系,两套地层厚度互补,其原因为灯影组沉积末期的兴凯运动拉张产生断裂所致(图2-142)。该研究突破了克拉通构造稳定、沉积相单一的传统认识,逐步认识到了绵阳-长宁拉张槽的存在,以及拉张槽内下寒武统烃源岩的分布、拉张槽边缘台地灯影组优质礁滩相孔洞型储层分布与资阳-威远古气藏形成的重要作用;指导了安岳气田的发现,推动勘探由古隆起高部位向低部位、由构造气藏向岩性地层气藏的转变。

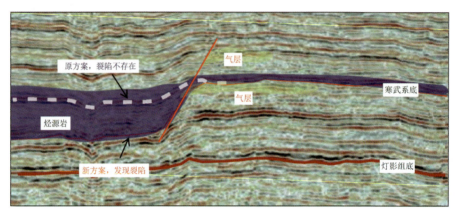

图 2-142 四川盆地安岳气田地震剖面解释对比图(据杜金虎等,2016)

2006—2009年,部署了磨溪1、BL1、HS1共3口风险探井,证实了震旦系—下古生界发育多套储层,但成藏条件复杂且储层横向变化明显。因此,寻找有利储层发育区,必须寻找保存条件好的高部位继承性构造,从而认识到,古隆起东部倾没端高石梯-磨溪构造成藏条件较好。

2009—2011年,针对继承性构造发育区和古隆起斜坡区,再次部署高石1、老龙1、磨溪8共3口风险探井(图2-143)。

2010年8月20日,高石1井开钻。

2011年6月17日,高石1井完钻于5841m震旦系陡山沱组。灯影组二段射孔酸化测试获日产气$102.14 \times 10^4 m^3$,标志着47年来久攻不克的川中古隆起震旦系取得重大发现。

2011年9月8日,磨溪8井开钻。2012年4月14日完钻,2012年5月14日完井。龙王庙组上下两段合计测试获日产气$190.68 \times 10^4 m^3$,成为安岳气田龙王庙组发现井,标志着川中古隆起寒武系历经半个世纪取得重大突破(图2-144)。

2006—2011年,3轮部署9口风险井,勇冒风险,坚持勘探,终获重大突破。

3. 2013—2019年,沿台缘带南北向整体部署,整体评价,落实万亿立方米大气区

高石1井突破后,确定了川中大型古隆起"整体研究、整体部署、整体勘探、分批实施、择优探明"的部署原则。

2012年,发现了我国单体规模最大的海相碳酸盐岩整装气藏龙王庙组气藏,提交天然气探明储量$4403.83 \times 10^8 m^3$。2015年,沿龙王庙气田部署30口井,完井24口,22口日产超$100 \times 10^4 m^3$;其中,磨溪009-3-X1生产井日产气达$136 \times 10^4 m^3$。

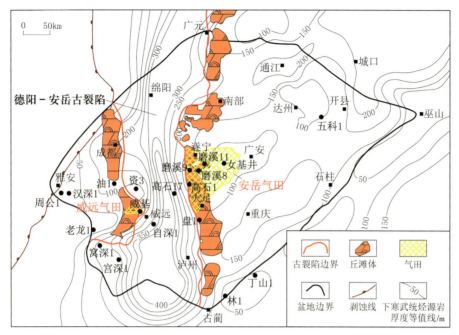

图 2-143　绵阳-长宁拉张槽与灯影组大中型气田分布图(据马新华等,2019a)

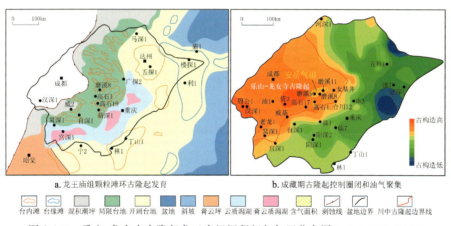

图 2-144　乐山-龙女寺古隆起龙王庙组沉积相与气田分布图(据马新华等,2019a)

2018年,灯影组四段台缘带实现整体探明,提交天然气探明储量 $4348.5×10^8 m^3$。

2019年,台内精细评价,提交天然气探明储量 $1591.35×10^8 m^3$。

用时7年,安岳气田累计提交天然气探明储量 $1.04×10^{12} m^3$。

2019年6月24日,位于筇竹寺组主力烃源岩内部、受断裂控制的灯影组二段台缘丘滩体上的蓬探1井开钻。2020年1月19日,钻至下震旦统苏雄组7m完钻,完钻井深6376m。2020年5月4日,灯影组二段测试获日产天然气 $121.98×10^4 m^3$,展现了裂陷槽内灯影组二段断控型台缘带较大的勘探潜力(图2-145)。

截至2020年,川中古隆起钻至震旦系—下古生界的探井共117口,主要位于古隆起西南翼的威远及东侧高部位的高石梯—磨溪地区。

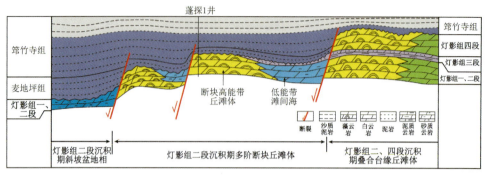

图 2-145　德阳-安岳裂陷北段灯影组丘滩体分布模式图(据赵路子等,2020)

万亿立方米安岳大气区的快速发现,证实了绵阳-长宁裂陷槽的勘探指导意义,建立了四川盆地海相下组合台缘礁滩相成储模式与槽生台储的成藏模式,勘探思路实现了由寻找北东东向构造气藏向寻找北北东向构造-岩性气藏的战略性转移(图 2-146)。

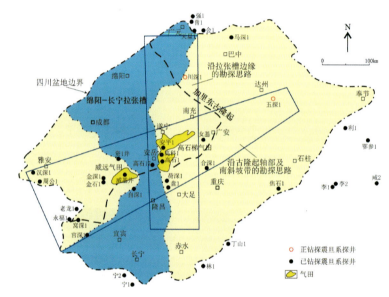

图 2-146　四川盆地灯影组 1964—2017 年探井分布与勘探思路演变图(据孙玮等,2017)

第九节　线索追踪,体系突破

钻井之前,尽管已经充分应用了地质露头、邻区钻井、本地区物化探等资料,尽管已经对本地区的成藏地质条件进行了反复论证,尽管已经明确了钻探本井的地质目的,但地下的地质情况总会超出人们的判断和预期而出现新情况。这些新情况,有的会使地下认识更加复杂,延缓勘探突破;有的则会带来新线索。例如,非目的层中出现油气显示,设计层系(储层)缺失,或者出现新层系(储层)。追踪有利线索,或许就会有新发现。

案例一:塔中 4 石炭系油田

塔中 4 油田的发现,是在塔中 1 井突破塔中隆起奥陶系潜山的过程中,发现了石炭系的油气显示,受东河塘石炭系油田发现的启发,及时抓住这一油气显示的有利线索,追踪发现的典型案例。

塔中 4 石炭系油田,位于塔中隆起带中央断垒带东段,整体处于塔中隆起高部位,为两侧受近东西向断裂控制的断背斜油气藏。两侧断裂与塔中 4 构造轴线平行。断开层位从上震旦统底至下二叠统底,形成于晚加里东期—海西期。塔中 4 油田 CⅢ 油组分为塔中 401、塔中 422、塔中 402 共 3 个高点。其中,塔中 402 高点为凝析气顶块状油藏,塔中 401、塔中 422 高点为纯油藏(图 2-147)。

塔中地区油气烃源岩主要是满加尔坳陷寒武系—下奥陶统烃源岩和中上奥陶统烃源岩。寒武系烃源岩有 3 个排烃高峰,晚加里东期—早海西期主要以排油为主,晚海西期以排轻质油和湿气为主,喜马拉雅期以排干气为主,现今正处于排干气高峰期。中上奥陶统烃源岩生烃时间较晚,现今仍处于生油高峰期。来自于北部满加尔坳陷两套烃源岩排出的油气,先沿着Ⅰ号断裂向上运移至上、下奥陶统不整合面,再沿着不整合面向东南高部位运移,遇到断裂又向上调整运移。总之油气沿着由断裂、不整合面及砂岩疏导层构成的阶梯状运移通道运移至塔中 4 油田。塔中 4 油田石炭系有晚海西期和喜马拉雅期两次成藏及调整。

塔中 4 油田石炭系为开阔台地相与滨浅海相碎屑岩沉积互层,自下而上分为 CⅢ(东河砂岩段)、CⅡ(生屑灰岩段)、CⅠ(砂泥岩段)共 3 个油组。CⅠ 段主要是中细砂岩、含砾砂岩和薄层灰岩。CⅡ 段岩性以鲕粒灰岩、生屑灰岩和针孔灰岩为主。CⅢ 段以块状细砂岩为主。

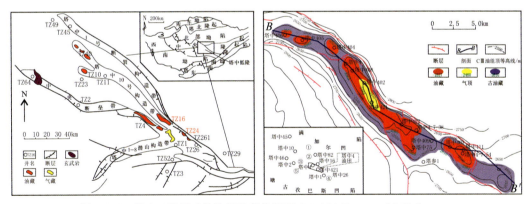

图 2-147　塔中 4 油田 CⅢ 油组油藏位置图(据江同文等,2017;姜振学等,2008)

塔中 4 石炭系油田的发现,受到了两次线索的启发(梁狄刚,1999)。

1. 1989—1991 年,抓住塔中 1 井线索,根据沉积规律,转向部署塔中 4 井

1989 年,塔中 1 井在突破奥陶系过程中,已经发现了石炭系的油气显示。

1990 年 12 月,受塔北地区东河塘石炭系海相砂岩油田的启发,结合塔中 1 井的发现,塔指研究大队编制了塔里木盆地石炭系岩相古地理图(图 2-148)。石炭系沉积时,在塔里木古海盆东南有一个大型河海三角洲,自东南向西北入海。塔中1井位于三角洲平原,石炭系砂岩物性差,但取心已见油迹;向西北方进入三角洲前缘相带,前积砂体发育,物性将变好,很可能含油。当时认为,塔中隆起的油源来自满加尔凹陷和西南坳陷的石炭系和中—上奥陶统。可以看出,向西向北显然更接近石炭系油源区。

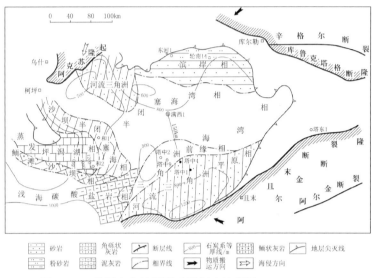

图 2-148　塔里木盆地石炭系岩相古地理图(据梁狄刚,1999)

1991年4月,在扩大探索塔中1潜山的塔中3、塔中5两口井失利后,在塔指勘探技术座谈会上,决定塔中地区的勘探方向向西北方向转移,目的层从奥陶系向石炭系转移,并且从中央垒带上的塔中2号、9号、4号3个局部构造中选定了塔中4井井位(图2-149),钻探目的是"了解石炭系和奥陶系含油气情况"。

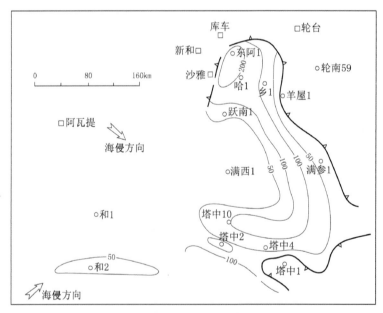

图 2-149　石炭系东河砂岩厚度分布(据顾家裕,1996)

2. 1991—1992 年,抓住塔中 4 钻井线索,随钻地层对比,实现突破

1991 年 11 月 16 日,塔中 4 井开钻。至 1992 年 2 月 12 日,取心发现了石炭系 CⅠ 油组的含油砂岩、CⅡ 油组的含油生物碎屑针孔灰岩两套油层。

塔中 4 的生物灰岩,与北面 150km 处的满西 1 井下石炭统巴楚组生物碎屑灰岩层位相当,但埋深比满西 1 井高出 1100m。

满西 1 井位于满加尔凹陷,在生物碎屑灰岩之下,还发育一层厚 21m(未穿)的石英砂岩,中途测试日产水 660m^3,物性很好,层位相当于东河塘石炭系底部的东河砂岩。

为此,1992 年 2 月,塔指研究大队随钻编制了满西 1-塔中 4—塔中 1 井石炭系对比图,发现前两口井尽管相距 150km,但石炭系各岩性段发育齐全,厚度相近,标志层明显,化石组合相同,可以逐层对比,表现出海相地层惊人的稳定性。

据此判断,塔中 4 井还将钻遇第三套东河砂岩油层。同时,通过地震解释,预测塔中隆起东段的东河砂岩尖灭线处于塔中 4 井与塔中 1 井之间。

1992 年 3 月 8 日开始,经连续取心,证实了塔中 4 井在石炭系发育第三套东河砂岩油层(CⅢ),从而发现了沙漠腹地第一个工业性油田。

1992 年 4 月 18 日,对塔中 4 井东河砂岩油层顶部 10m(3597～3607m 井段)射孔试油,11.11mm 油嘴求产,获原油 285m^3/d,天然气 $5.3×10^4$m^3/d。随后又在 CⅡ 油组生物碎屑灰岩中,获原油 78m^3、天然气 $5.9×10^4$m^3/d 的工业油气流。

1991—1992 年,以石炭系为主攻目的层,钻预探井 25 口,发现了石油地质储量 $8100×10^4$t 的塔中 4 油田。塔中 4 油田是继塔中 1 井突破奥陶系之后,在塔中隆起上突破的一个新的含油层系,也是塔北东河砂岩向盆地腹部追索的结果。

继塔中 4 油田之后,又接连发现了塔中 10、塔中 6、塔中 16、塔中 24、塔中 40、塔中 47 等多个东河砂岩油气田群。

需要指出的是,塔中 4 井在海西运动晚期(二叠纪末)油气充注入东河砂岩,形成 CⅢ 古油藏,古油藏油柱高度 120m。受印支、燕山运动的断裂破坏调整,古油藏中的油气溢出,往上运移至 CⅡ、CⅠ 油组继续成藏。经历了喜马拉雅期的稳定保存之后,CⅢ 现今油藏的油柱高度残留了 21m。而现今油水界面之下的古油藏段,取心的含油性仍然比较高(图 2-150)。一个 $3.8×10^8$t 规模的古油藏,重新分配后只剩下 $8100×10^4$t,增加了勘探发现的难度。

案例二:秦皇岛 32-6 油田

渤海海域石臼坨凸起秦皇岛 32-6 大油田(图 2-151)20 年的发现,是一门心思跟风找"主流"潜山油气藏,不重视新发现的含油层系,指导思想僵化,错失了早期重大发现的过程。

石臼坨凸起被多个生烃凹陷所包围,油源充沛。南面的渤中凹陷是渤海湾盆地面积最大的生烃凹陷,其生烃能力、生烃量居渤海湾盆地之首。石臼坨凸起是长期发育的古隆起,在渐新世末以前基本上保持着隆高状态,是凹陷油气运移的主要指向区。

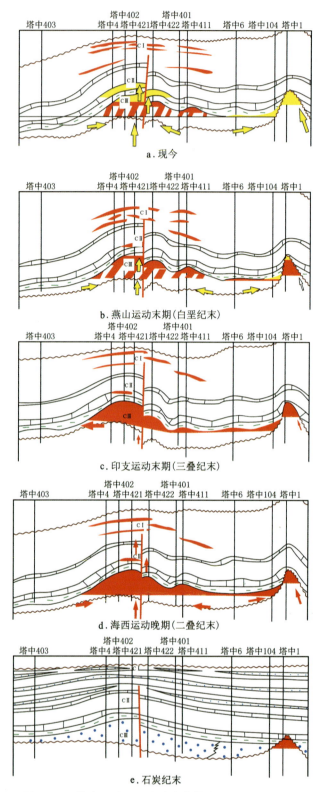

图 2-150　塔中 4 油田石炭系成藏模式(据姜振学等,2008)

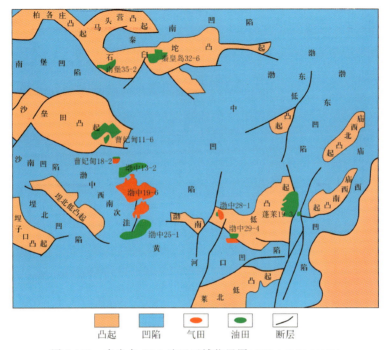

图 2-151　秦皇岛 32-6 油田区域位置图(据薛永安等,2021b)

石臼坨凸起整体西高东低,基岩顶面由多个幅度小于 100m 的潜山高点组成,上覆地层主要为新近系,厚度一般为 1350m,局部残留古近系东营组,在差异压实作用下,形成了多个低幅度的披覆构造。

秦皇岛 32-6 构造中、上新统为地垒式披覆背斜,南北两侧以两组北东东走向的正断层为界,东西方向下倾明显。

上新统明下段属于曲流河相沉积(图 2-152),主要物源来自北西西向的古滦河水系,点砂坝是主要砂体类型,储集层主要为中—细粒岩屑长石砂岩。油层的岩心孔隙度为 32%～37.4%,渗透率为 $(200～9398.9)\times 10^{-3}\mu m^2$,属高孔、高渗优质储集层。

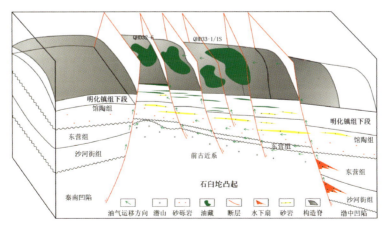

图 2-152　石臼坨凸起油气成藏模式(据王应斌等,2015)

主力含油层系明下段为砂、泥岩间互层,发育两套厚层泥岩段。位于Ⅰ油组之上的一套泥岩总厚度为 85～120m,单层厚度最大达 50m,是油田的主力盖层。位于Ⅰ油组之下的一套泥岩单层厚度最大达 30m。另外,馆陶组厚层砂砾岩上部发育一套 10～20m 厚的泥岩层,与上述明化镇组下段两套泥岩分别组成了多套有利的储盖组合。

油源分析结果,秦皇岛 32-6 油田的油气来自于渤中凹陷沙河街组烃源岩。渤中凹陷的油气沿大断裂向凸起运移,进入馆陶组厚层砂砾岩层后,再通过次级晚期断裂向上运移到上新统的砂岩圈闭成藏。

秦皇岛 32-6 油田的发现,经历了 2 个阶段(张国良等,2000;姜培海,2001;龚再升,2001)。

1. 1975—1982 年,类比任丘潜山,见到浅层油层,但未引起重视

受任丘大型古潜山油气田发现的影响,渤海海域把灰岩潜山作为主要目的层,石臼坨凸起周围的潜山勘探也确实连获成功。之后 4 年内,钻探了潜山探井 17 口(图 2-153)。

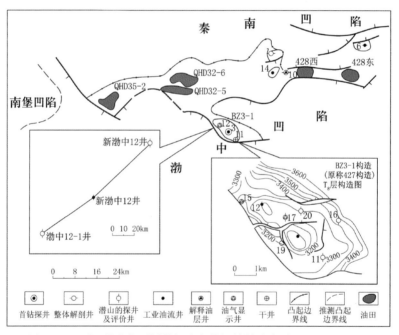

图 2-153　石臼坨凸起不同勘探阶段钻探结果示意图(据姜培海,2001)

1975 年,石臼坨凸起东部 428E 构造上钻探的渤中 2 井,在中生界潜山中获得高产油气流,日产油 192.7m³、气 37 800m³。

1976 年,石臼坨凸起西部 428W 构造上钻探的渤中 5 井,在中生界潜山获高产油气流,日产油 431.4m³、气 31 510m³。

1977 年,石臼坨凸起南部 427 构造上完钻的渤中 12 井,在下古生界灰岩地层中,30mm 油嘴,日产油 1 558.4m³、气 290 543m³,获日产超千吨的高产油气流。

这种形势下,勘探人员自然地把油气勘探集中在了潜山上。

尽管通过钻探潜山,在石臼坨凸起上发现了 5 套含油层系,即明化镇组、馆陶组、东营组、中生界、古生界,证明是一个典型复式油气聚集带。受当时一门心思找潜山指导思想的影响,勘探人员跟风转向寻找古潜山,没有深入开展凸起综合评价。

1976年,秦皇岛32-6构造上钻探的渤中4井,在新近系明化镇组见10.4m厚的油层,顶界埋深1225.5m。后来证实油层薄是因为该井打在油藏低部位。该发现并未引起重视,由于没有继续突破、扩大成果,从而痛失发现秦皇岛32-6大油田的时机,该油田从开始勘探到最终发现整整经历了20年。

2. 1994—2000年,受陆地成果启发,转向浅层构造,发现秦皇岛32-6油田

渤海海域在1995年之前的30年里,仅在辽西低凸起发现了绥中36-1古近系地质储量5000×10^4t以上的大油田。

随着"复式油气聚集带"理论应用于渤海海域的油气勘探,且不断取得新成果,促使开展了包括石臼坨凸起在内的凸起区的深化研究与重新评价。

经过对前期钻探结果的分析,实现了渤海海域勘探方向的转移。

渤中坳陷烃源岩既有沙河街组又有东营组,是渤海湾盆地规模最大的生烃凹陷。渤中坳陷及其周围馆陶组、明化镇组为浅湖相沉积,发育良好的新近系储盖组合。更重要的是,郯庐断裂作为渤海海域新构造运动的主导因素,驱动并控制了海域油气的晚期成藏。油气运移期与新近系圈闭形成期一致,渤中坳陷被呈环状分布的隆起区包围,构成了有利于油气运移聚集的特殊地质结构。

因此,与陆区不同,海域油气勘探应以新近系为主要目的层、以生烃凹陷包围的隆起区及其倾没带为主要勘探方向。20世纪90年代中期,油气专家提出了"新构造运动控制晚期成藏"理论。认识上的突破,直接带动了1995年之后的一系列大发现。

1994年,中国海洋石油渤海公司利用新处理的二维地震资料第一次编制了"QHD32-6构造近明化镇组下段油层顶构造图",此图较清楚地显示出秦皇岛32-6构造整体上是一个大型背斜,并对其成藏条件进行了综合研究。

1995年,结合新的钻井资料,运用高分辨率二维地震资料,编制了中、上新统5个反射层的构造图,秦皇岛32-6构造中、上新统地垒式披覆背斜形态更为清晰(图2-154)。

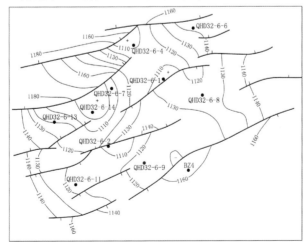

图2-154 秦皇岛32-6油田明化镇组下段Ⅱ油组顶界构造简图(据张国良等,2000)

中国海洋石油总公司决策,"重上石臼坨,主攻新近系"。

1995年6月8日,渤海公司钻探秦皇岛 36-2-1 井,发现了秦皇岛 32-6 超亿吨级大油田。

1995—2000年,5年期间,发现了秦皇岛 32-6、宁波 35-2、蓬莱 19-3、渤中 25-1、曹妃甸 11-1、曹妃甸 12-1、渤中 29-4、蓬莱 25-6、旅大 27-2 等一大批石油地质储量在 $5000 \times 10^4 t \sim 5 \times 10^8 t$ 之间的大油田,新增各级地质储量超过 $20 \times 10^8 t$(图 2-155、图 2-156)。

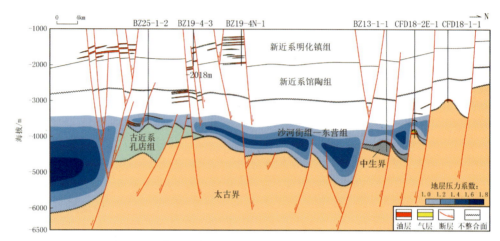

图 2-155　渤海海域近南北向油藏剖面图(据薛永安等,2020)

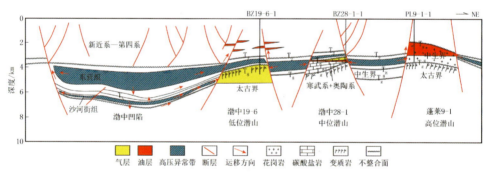

图 2-156　渤海海域近北东向油气藏剖面图(据薛永安等,2020)

案例三:曹妃甸 11-1 油田

沙垒田凸起位于石臼坨凸起西南方,从第一口工业油流井到发现亿吨级曹妃甸 11-1 油田,中间经历了 30 多年,是未重视有利线索、错失早期重大发现的案例。

沙垒田凸起位于渤海海域西部,四周被岐口、南堡、渤中、沙南 4 个富油凹陷所包围。新近系河道砂岩储层披覆在凸起之上,形成大型披覆背斜油气藏(图 2-157、图 2-158)。

1967年5月6日,沙垒田凸起上的我国第一口海洋石油探井海 1 井完钻,在明化镇组及馆陶组发现了油层。同年6月14日,明化镇组下段 1615~1630m 井段,4mm 油嘴获得原油 35.2t/d,天然气 1941m³/d,从而揭开了渤海海域油气勘探的序幕。

1971年1月,渤海海域的海四区在明化镇组、馆陶组、沙河街组发现了油层。

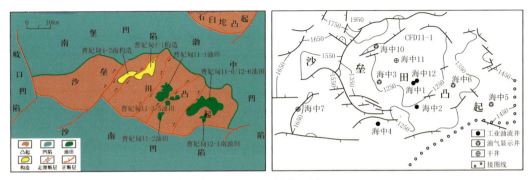

图 2-157　沙垒田凸起曹妃甸 11-1 油田区域位置图(据石文龙等,2013;姜培海,2001)

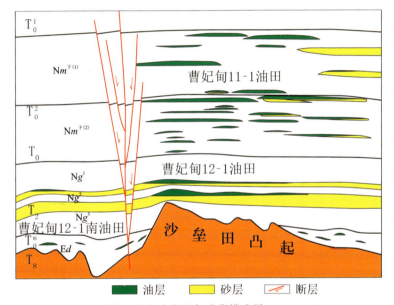

图 2-158　沙垒田凸起东段油气成藏模式图(据石文龙等,2013)

海 1 井、海四区均属于新近系的重大突破井。当时的指导思想是寻找类似大港油田古近系油层,并没有及时地把新近系作为主要目的层。

当时,按照"区域甩开、重点突破"的部署原则,在埕北低凸起上部署了第一口探井——海 7 井,获得工业油流。随后认识到,面积约 1650km² 的沙垒田凸起被凹陷环绕,应是油气富集区。

1973 年,沙垒田凸起顶部的曹妃甸 11-1 构造上部署了海中 1 井,在明化镇组和馆陶组解释油层厚度百余米,由于测试、防砂技术不过关,在馆陶组折算只获得工业油流 26.2t/d。同时发现该凸起新近系是披覆背斜构造,油层物性好。当时推论该凸起连片含油,随后面上整个凸起部署了 6 口探井,而没有重点解剖曹妃甸 11-1 含油构造。结果大部分井仅见油气显示,导致勘探重点转移到石臼坨凸起。

1999 年,重新评价曹妃甸 11-1 构造,获得 100m³/d 以上的高产油流,发现石油地质储量近 $1.8 \times 10^8 m^3$(姜培海,2001)。

指导思想的僵化,使曹妃甸 11-1 大油田的发现从 1967—1999 年推迟了 30 多年,错失了早期发现浅层新近系大油田的机会。

秦皇岛 32-6、曹妃甸 11-1 两个油田发现的实例,代表了勘探发现规律上的例外,即绝大多数含油气盆地,大中型油气田一般都是在勘探初期先发现,中小型油气田在中后期再发现。渤海湾却恰恰相反,大油田在勘探 30 年之后才发现。原因主要是开始上得急、准备不充分、指导思想不灵活,导致大油田在眼皮子底下溜走;失误在于思想保守、固守模式、创新意识薄弱。

第三章 突破之后如何高效展开

第一节 把握关键,快速展开

勘探获得突破,扩大勘探成果成为必然选择。此时,首先要做的,是快速开展油气藏评价,通过解剖油藏,把握生、储、盖、圈、运、保的时空匹配关系,把握油气成藏的主控因素;进而寻找类似的圈闭,逐步展开,扩大含油规模。

采用已有的地质模式,用本地区资料进行修正,形成本地区的地质认识,即成功模式的本地化。新区以成功的成藏地质模式为指导,但不能用模式取代具体目标的具体研究。

案例一:塔中Ⅰ号凝析气田

塔中Ⅰ号坡折带凝析气田的勘探过程,是首钻巨型潜山背斜实现了突破,利用三维地震,发现了塔中奥陶系碳酸盐岩大型坡折带,实现了由"构造看眼"向"储层勘探"转变,从而探明了塔中Ⅰ号坡折带奥陶系生物礁大型凝析气田。

塔中Ⅰ号坡折带是塔中隆起北部的狭长构造带,南东向长180km,北东向宽3~10km,东西高差大于1800m,为整体向西倾伏的斜坡,面积约为1100km²,是早奥陶世末—晚奥陶世早期形成的大型逆冲断裂带(图3-1)。

含油气层系为上奥陶统良里塔格组上部,储层为受坡折带控制的陆棚边缘礁滩体灰岩。晚奥陶世良里塔格组时期,沿塔中Ⅰ号坡折带形成陆棚边缘,发育高能生物礁、滩、丘复合体微相,复合厚度为100~300m。塔中26—塔中54井区礁滩体长120km、宽2~

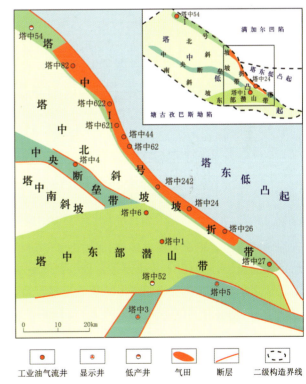

图3-1 塔中Ⅰ号坡折带凝析气田区域位置图(据周新源,2006)

5km,受坡折带古地貌控制(图 3-2、图 3-3)。礁滩相、岩溶作用、构造变形作用共同形成了孔、洞、缝储集系统。裂缝发育带往往是储层最发育的地区。

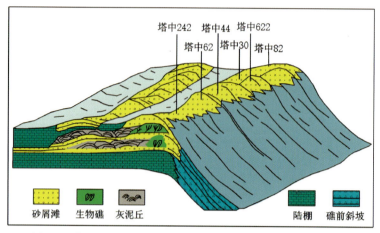

图 3-2　塔中 I 号坡折带礁滩体沉积立体模式图(据周新源,2006)

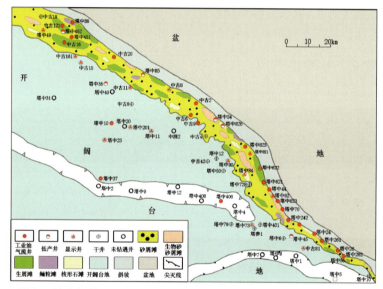

图 3-3　塔中 I 号坡折带良里塔格组台地边缘颗粒滩亚相平面展布图(据陶夏妍等,2014)

礁滩体往南相变为棚内缓坡、棚内洼地等微相的泥质灰岩和泥晶灰岩,往北相变为斜坡-盆地相的泥岩,向上由于快速海进发育上奥陶统桑塔木组巨厚陆棚泥岩,3 个方向形成了良好的直接盖层。礁滩体沿塔中 I 号坡折带形成巨型岩性圈闭(图 3-4)。

塔中 I 号坡折带位于塔中古隆起与满加尔西部凹陷的结合部位,形成早、定型早,紧邻生烃凹陷。北部深凹区的寒武系—下奥陶统和中—上奥陶统烃源岩,为礁滩体提供了油源。寒武系—中下奥陶统较高成熟度烃源岩为其提供了气源。晚加里东—早海西期(石炭系沉积前),寒武系—下奥陶统的原油进行第一次充注。海西晚期(二叠纪),中上奥陶统的原油进行第二次充注。喜马拉雅期(古近纪)以来,发生天然气充注,形成凝析气藏。断裂带与礁滩体为重要运移通道。

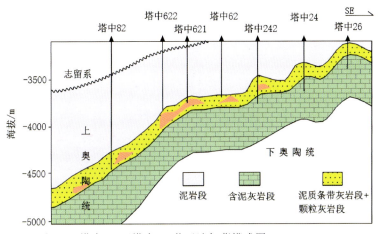

图 3-4　塔中 26 至塔中 82 井区油气藏模式图(据周新源,2006)

塔中Ⅰ号坡折带形成于早加里东期,奥陶纪末基本定型,志留系与石炭系都是自西向东向上披覆,石炭纪后基本没有断裂活动,只有多期整体翘倾,埋藏稳定,保存良好。

油气沿坡折带呈带状展布,为受礁滩体储层控制的大型准层状岩性油气藏,整体含油(图 3-5、图 3-6)。塔中 24 至塔中 82 井区同一油气藏顶面高差达 1000m 以上,具有较统一的压力、温度系统,地温梯度约为 2.2℃/100m,地层压力系数为 1.2~1.3。

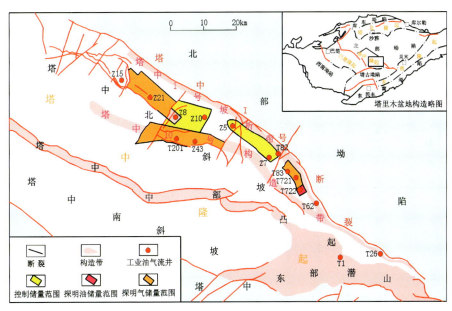

图 3-5　塔中北斜坡鹰山组凝析气田分布图(据韩剑发等,2013)

从塔中隆起开始潜山勘探,到塔中Ⅰ号坡折带奥陶系凝析气田的勘探发现,经历了"三起两落"(周新源,2006;韩剑发等,2013;田军等,2021)。

1. 1983—1996 年,探索坳中隆、钻探潜山大背斜,首探突破潜山,再探落空

1983 年 5 月,石油工业部组建沙漠地震队,历时两年,完成了纵贯塔里木盆地塔克拉玛干

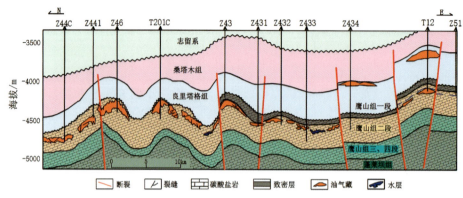

图 3-6　塔中奥陶系准层状油气藏模式图(据韩剑发等,2013)

大沙漠南北的 19 条区域地震大剖面,全长 5 782.2km,结合重磁测量,取得了对盆地"三隆四坳"构造格局的初步认识。地震剖面显示了塔中古隆起上的塔中Ⅰ号巨型潜山背斜,圈闭面积 8220km²,形成了探索坳中隆、钻探潜山大背斜、发现"大场面"的勘探思路。

1989 年 4 月,在塔中隆起东部潜山区部署上钻塔中 1 井(图 3-7)。

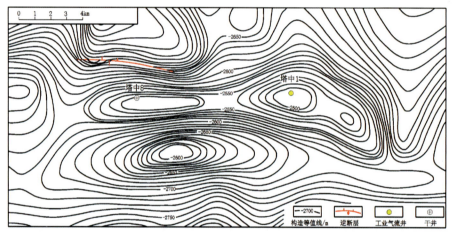

图 3-7　塔中隆起东部潜山构造图(据谢会文等,2017)

1989 年 5 月 5 日,塔中 1 井开钻,在下奥陶统风化壳白云岩见到良好油气显示,岩溶缝洞发育。1990 年 11 月 21 日,钻至井深 6 505.3m 完钻。

1989 年 10 月 18 日,在 3 565.98～3 649.77m 井段中途测试,22.33mm 油嘴日产原油 365m³,天然气 55.7×10⁸m³。首钻台盆区沙漠腹地取得战略突破,标志着塔里木油气勘探从盆地边部走向沙漠腹地。

1990 年,上交控制含油气面积 44.1km²,控制天然气地质储量 169.68×10⁸m³。

随即,按照潜山大背斜"潜山控油、背斜勘探"的勘探思路,塔中 1 井东部与南部的两个潜山高部位钻探的塔中 3 井和塔中 5 井,相继失利。至 1996 年塔中断垒带潜山区相继钻探 10 余口井均告落空。

由于地震资料品质的限制,未能查清潜山内幕地质结构和白云岩储层分布,初步认为塔中1白云岩潜山是"暖水瓶"式油气藏(图3-8)。之后,随着塔中4井在石炭系东河砂岩取得重大突破,勘探重点发生转移。塔中地区潜山油气勘探陷入停顿。

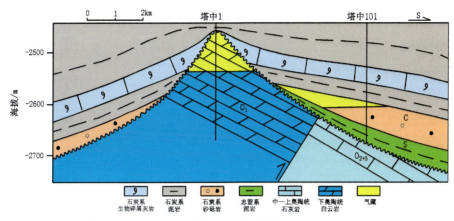

图 3-8 塔中1白云岩潜山气藏剖面图(据谢会文等,2017)

2. 1996—1998 年,"逼近烃源岩,逼近断裂带",下斜坡突破Ⅰ号"断裂带",再评价又失利

从潜山高部位向斜坡区勘探转移的过程中,发现塔中Ⅰ号大型"断裂带",同时发现了北斜坡区的上奥陶统烃源岩,产生了"逼近烃源岩,逼近断裂带"的勘探思路。

1996 年 7 月,塔中 24 井在石炭系东河砂岩获得工业油流后,根据对Ⅰ号"断裂带"的认识决定加深钻探奥陶系碳酸盐岩。塔中 24 井在奥陶系灰岩获良好油气显示,中途测试获工业油气流,塔中Ⅰ号"断裂带"奥陶系内幕获得突破。

1997 年 2 月,沿塔中Ⅰ号断裂带东西长约 200km 的构造上,同时上钻塔中 26、塔中 44、塔中 45 井,3 口井相继在上奥陶统灰岩获工业油气流。控制+预测石油地质储量 1588×10^4 t、天然气储量 101×10^8 m³。从而发现塔中Ⅰ号断裂带是一个油气富集带。

1997—1998 年,沿塔中Ⅰ号"断裂带"接连部署塔中 27、塔中 54 等 4 口井,钻探不同区段、不同类型的构造圈闭,以期控制整体油气规模,结果相继失利。

尽管塔中Ⅰ号"断裂带"是有利的油气聚集带,但由于对油气藏类型、储层分布、勘探潜力等认识不清,按照"断裂控油、构造勘探"的思路难以展开,勘探工作又陷入停滞。

3. 2002—2012 年,评价Ⅰ号坡折带带礁滩体,发现大油气田

2002 年,借鉴轮南古潜山经验,针对塔中凸起奥陶系实施了第一块三维地震(塔中 16 井区)。重上三维地震、重新认识油藏模式、重新评价勘探潜力与领域、重新厘定勘探思路、重新组织工艺措施,发现塔中Ⅰ号"断裂带"是大型的奥陶系碳酸盐岩坡折带,由此形成了坡折带"控相""控储""控藏"的认识,实现了由"断裂带控油"向"坡折带控油"、由"局部构造含油"向"整体含油"、由"构造勘探"向"储层勘探"认识上的三大转变,逐步突破了塔中奥陶系碳酸盐岩井位优选难、稳产难、探明难、开发难等技术与实践难关。为此,逐步开始了对礁滩体的整体评价。

2003年，根据三维地震部署的塔中62井酸压后，获得原油41m³/d，天然气10.95×10⁴m³/d，实现了奥陶系良里塔格组台缘礁滩体勘探的重大突破，发现了中国第一个奥陶系生物礁型千亿立方米级凝析气田——塔中Ⅰ号气田。至2004年，在塔中62井区的一系列钻探突破了高产稳产难关，控制凝析气藏面积24.9km²，地质储量天然气72.03×10⁸m³、凝析油651.5×10⁴t。

2005年，古地貌研究认为，塔中62井区西部在良里塔格组沉积时的古地貌是西高东低、西宽东窄，西部可能发育比较宽阔的滩相储层，向西勘探有利。于是，在塔中62井以西，上钻了比塔中62井海拔低800余米、没有明显礁体响应的塔中82井，获得高产，成为塔中第一口千吨井。证实了塔中Ⅰ号坡折带整体含油、储层控油的认识，从而掀起了塔中碳酸盐岩勘探的高潮。

至2005年底，在塔中26井至塔中82井一线逾80km长的区段上，整体评价塔中坡折带东部礁滩体，已完钻的13口井都获得工业油气流。

截至2005年，塔中Ⅰ号坡折带奥陶系碳酸盐岩大型凝析气田，探明加控制石油地质储量1.5×10⁸t（油当量），是我国当时发现的第一个奥陶系生物礁型大油气田。

到2012年，塔中Ⅰ号气田上奥陶统良里塔格组礁滩体累计探明石油地质储量6 079.58×10⁴t，天然气地质储量972.61×10⁸m³，石油当量1.38×10⁸t。

另外，2006年，在塔中北斜坡，塔83井又发现了大型中—下奥陶统鹰山组层间岩溶凝析气田。至2010年底，探明地质储量3.81×10⁸t（油当量）。

案例二：靖边奥陶系气田

靖边气田的发现与探明，是在煤成气与古岩溶理论相结合，明确了源储关系，实现了奥陶系岩溶气田的勘探突破。研究建立了岩溶古地貌控藏模式，快速拓展了含气范围，探明了靖边气田、靖西岩性带。

靖边奥陶系岩溶气田位于鄂尔多斯盆地陕北斜坡的中部（图3-9）。

奥陶纪马家沟组五段沉积时期，受盆地中央古隆起控制，盆地中部的乌审旗、靖边、志丹地区发育了大面积的盆缘含硬石膏白云岩坪微相，南北长约200km，东西宽30～40km。加里东期，盆地整体抬升，奥陶系顶部经历1亿多年的风化淋滤，形成了自西向东分布的古岩溶高地、古岩溶斜坡和古岩溶的古地貌景观。岩溶阶地均处于岩溶高地和岩溶洼地之间，水动

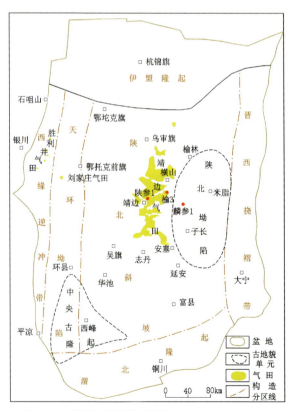

图3-9 靖边气田区域位置图（据何自新等，2005）

力强,先后经历了层间岩溶、风化壳岩溶和压释水岩溶的叠加改造,造就了溶蚀孔洞的广泛分布(图3-10)。

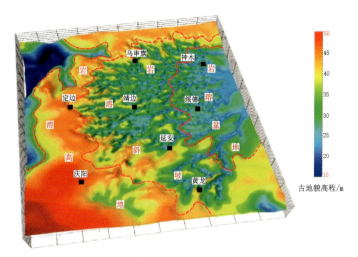

图3-10 鄂尔多斯盆地前石炭纪岩溶古地貌图(据付金华等,2021a)

靖西地区主力储集层马五$_{1+2}$(马家沟组五段第1、第2层,下同)遭受区域性风化剥蚀,但下伏马五$_4$处于风化淋滤范围内,岩溶条件优越。靖边气田下部位于岩溶斜坡部位,地形较缓,马五$_4$顶部以水平岩溶为主,易形成层状分布的溶蚀孔洞(图3-11)。

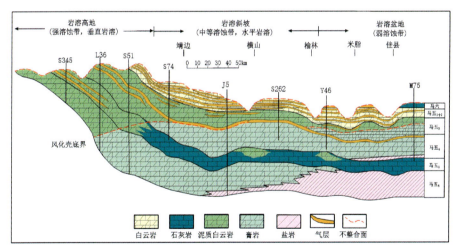

图3-11 鄂尔多斯盆地近东西向岩溶古地貌气藏剖面图(据付金华等,2021a)

靖边地区主力气层为马家沟组五段的马五$_1$、马五$_4$层,储集空间由岩溶孔、洞、缝组成,受沉积微相与岩溶发育带控制,具有成层分布的特征。岩溶古地貌单元,因处于岩溶阶地发育带,先后经历了层间岩溶、风化壳岩溶、压释水岩溶的叠加改造,塑造了分布广泛的孔洞缝储集空间。马五$_1$主力气层的孔隙度为4%~8%,渗透率为(3~5)×10^{-3}μm^2。储层的孔隙类型以溶孔、晶间孔、晶间溶孔为主。其中,孔隙型储层的物性最好,孔隙度为5.6%~10%,最大达19.8%;渗透率为(1~11.5)×10^{-3}μm^2,最大达316×10^{-3}μm^2;其次为裂缝溶孔型,孔

隙度为 $4\%\sim8\%$，渗透率普遍大于 $1\times10^{-3}\mu m^2$，此类储层约占主力气层的 80% 以上，是气田储层的主要储集类型。

鄂尔多斯盆地广泛分布的下古生界奥陶系碳酸盐岩、上古生界石炭系—二叠系煤系泥质岩，是靖边气田两套性质不同的烃源岩。其中，奥陶系碳酸盐岩烃源岩，主要以泥晶灰岩、含藻白云岩、泥质白云岩和含泥灰岩为主，平均厚 475m，有机碳含量为 $0.24\%\sim0.45\%$，干酪根属于腐泥 I 型，R_o 为 $2.31\%\sim2.86\%$。盆地模拟计算，原始产烃率为 $306.9\sim514mg/g$，累计生烃强度为 $(25\sim35)\times10^8 m^3/km^2$。石炭系、二叠系煤系烃源岩，平均厚 124m，主要以暗色泥质岩与煤层为主，泥质岩有机碳含量为 $1.99\%\sim2.67\%$，煤为 78.72%，干酪根属于腐泥型与腐殖型，R_o 为 $1.8\%\sim2.1\%$，经盆地模拟计算，原始产烃率平均 284mg/g，累计生烃强度为 $(24\sim28)\times10^8 m^3/km^2$（图 3-12）。

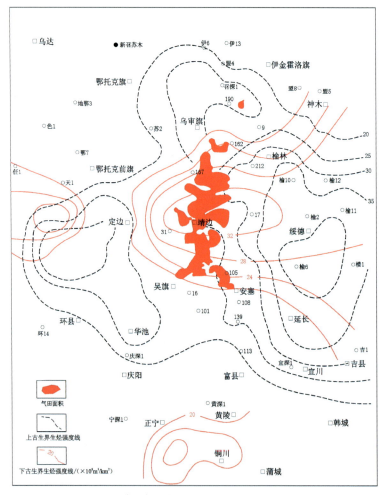

图 3-12　靖边气田烃源岩生排烃图（据王勇，2007）

靖边气田地处构造作用相对微弱的区带。气藏形成的构造环境稳定，并具有多种封盖类型，包括区域封盖层（二叠系上石盒子组湖相泥质岩）、区带直接封盖层（主要为本溪组底部的铝土质泥岩、灰质泥岩及含砂泥岩）、局部封盖层（气层之间的硬石膏泥质间隔层，主要为泥质白云岩、含膏泥白云岩及成岩过程产生的致密岩等)3类。

鄂尔多斯盆地中部奥陶系风化壳发育隐蔽性大型岩溶古地貌气藏,属于非构造气藏,天然气的聚集成藏主要受古地貌形态和古沟槽的切割封堵控制。风化壳顶面的岩溶古沟槽中多沉积石炭系地层,成为碳酸盐岩的侧向封堵层。东侧古沟槽充填石炭系泥质岩,以及古岩溶洼地成岩致密带构成上倾遮挡(图3-13)。

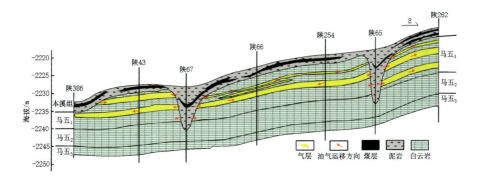

图 3-13　鄂尔多斯盆地奥陶系天然气成藏模式图(据赵政璋等,2011)

圈闭类型主要有古地貌圈闭、古地貌成岩圈闭、差异溶蚀透镜体圈闭、构造成岩圈闭共4种类型(图3-14)。

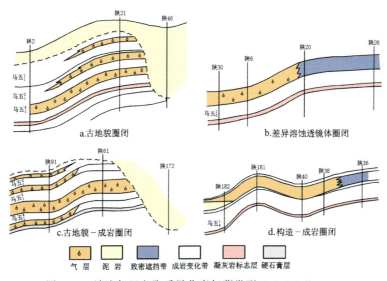

图 3-14　靖边气田奥陶系风化壳气藏类型(据何自新等,2005)

同一气藏中,气层之间隔层一般较薄,裂缝又较发育,往往形成同一的含气单元,由于其无边底水、低孔隙低渗透、低丰度的特性,故属于典型的定容气藏。

靖边气田马五$_1$气藏压力系数测算结果表明,单井压力系数普遍小于1,平均值为0.945,压力总趋势为西高东低,南高北低。靖边气田马五$_1$气藏具有相同的地温场及统一的地温梯度,其地温分布范围为99.6~113.5℃,平均为105.1℃,地温梯度为2.927℃/100m。马五$_4$

气藏水普遍为 $CaCl_2$ 型,反映了气藏的封闭条件良好。

靖边气田的发现,经历了5个阶段(杨华等,2002;何自新等,2005;杨华,2013)。

1. 1985年之前,寻找构造气藏,引入煤成气理论,勘探向盆地内部转移

20世纪60、70年代,盆地早期天然气勘探以寻找构造气藏为目标,重点围绕盆地周边构造圈闭进行勘探,先后在宁夏刘家庄构造、西缘横山堡冲断带发现了刘家庄、胜利井等小型气藏,没有取得实质性突破。

20世纪70年代末,随着国家"六五""七五"天然气科研攻关,认识到鄂尔多斯盆地上古生界是一个广覆含煤、大型富气的克拉通盆地。同时,长庆油田引入煤成气理论,认识到盆地内部存在着良好的煤成气源,提出了广覆式生烃、大面积供气的新认识,指引勘探方向由盆地周边向盆地腹部转移。

1985年,麒参1井在奥陶系风化壳获得气流后,重新评价盆地含气远景,提出了"油气并举"的部署方针。

2. 1987—1989年,煤成气与古岩溶理论相结合,明确源储关系,发现靖边气田

根据煤成气理论与古岩溶理论,研究发现盆地中部奥陶系岩溶风化壳紧邻上古生界石炭系煤系烃源岩,源储对接关系有利,盆地中部碳酸盐岩层系具有较大勘探潜力。

1987年,在中央古隆起东北斜坡上的林家湾和赵石畔构造上部署了陕参1井、榆3井(图3-9)。

1988年1月24日,陕参1井开钻。井深3 440.5m处钻入奥陶系。3月23日,钻至4 068.4m完钻。1988年11月30日—1988年12月3日,在奥陶系风化壳3411~3 472.5m井段,射开奥陶系白云岩7层21.9m试油,首获 $5.984\ 4\times10^4 m^3/d$ 工业气流,酸化后 $13.9\times10^4 m^3/d$,无阻流量 $28.3\times10^4 m^3/d$。陕参1井的突破,对于长庆油田有着区域突破之功,地质认识之据,有里程碑式的纪念意义。

1989年9月18日,位于陕参1井东北40km的榆3井,在同一层系发现了12.58m含气段,电测解释气层8.5m,中途测试获 $6.799\ 7\times10^4 m^3/d$ 工业气流,酸化后达 $9.49\times10^4 m^3/d$,无阻流量达 $13.6\times10^4 m^3/d$。

两口井的成功,发现了靖边气田,标志着鄂尔多斯盆地天然气勘探取得重大突破,揭开了鄂尔多斯盆地勘探大气田的序幕。

3. 1990—1995年,十字追踪,探规模→定类型,建立岩溶古地貌控藏模式

靖边气田的发现说明了鄂尔多斯盆地腹部位于古隆起斜坡地带,加里东期奥陶系顶面处于风化淋滤的最有利区,应当存在近南北向大面积展布的岩溶储层,可能存在南北向展布的风化壳岩溶古地貌地层气藏。该思想突破了对奥陶系传统构造控藏的认识,实现了由中生界找油向古生界找气和油气兼探的转变。于是在盆地中部,部署了南北向大井距、东西向小井距的"十字"钻井大剖面,追踪奥陶系风化壳气层。

根据岩溶古地貌形态及马五$_1$含气层分布规律,确定了"区域甩开、探规模、定类型、整体

"解剖"的勘探方针,在面积 3200km² 的范围内,进行整体解剖,部署了南北长 210km、东西宽 60km 的"十"字钻井剖面,南北向部署 7 口预探井,东西向部署 4 口预探井(图 3-15),进行整体解剖。

1990 年第一批完钻林 1 井、林 2 井等 3 口井,分布在当时的地震构造低部位和林家湾沟造东翼,同样获得工业气流。

至 1990 年底,盆地中央古隆起靖边—横山地区累计完钻探井 11 口,获工业气流井 8 口,分别是陕参 1、榆 3、林 1、林 2、陕 2、陕 4、陕 5、陕 6 井。其中,陕 5、陕 6 二口高产气井无阻流量在 $100×10^4 m^3$ 以上。控制含气面积达 600km²,肯定了这是一个奥陶系不整合面地层型的大气田。钻探表明,含气圈闭不受构造的控制,而是单斜上大面积含气,且含气层位稳定,溶蚀孔洞型储层发育,展现了大气田的苗头。该区存在非构造控制的大型岩溶古地貌成岩圈闭,并建立了岩溶古地貌模式。

可以说,煤成气理论的引入,解决了盆地腹部天然气勘探的根本性气源问题;碳酸盐岩岩溶古地貌天然气成藏理论,有效指导了海相碳酸盐岩天然气的勘探与拓展。

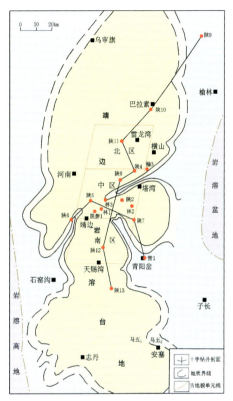

图 3-15 靖边气田岩溶古地貌与勘探部署图(据何自新等,2005)

上述井的成功,实现了天然气勘探由陆相碎屑岩到海相碳酸盐岩的转变,初步形成了碳酸盐岩岩溶古地貌天然气成藏理论,实现了天然气勘探由盆地周边构造发育区向盆地腹地稳定地台的转移。

4. 1991—1995 年,以岩溶控藏理论为指导,南北拓展,探明靖边气田

1991 年是"八五"计划的第一年,天然气勘探以盆地中部为主战场,分三个步骤。

第一步:探规模、定类型,搞清成藏基本条件,实施贯穿区带南北向的钻井大剖面。

第二步:控制气田的面积,进行试采评价,作出气层产能评价。

第三步:打一批补充井,进行产量评价,为开发做准备。

1991 年的勘探思路是立足主战场,放眼大气区,主攻中部奥陶系风化壳,拿下整装大气田;注意多层系的复合含气区,积极开拓新领域。

1992 年,继续向南北拓展。

1993 年,分别评价南二区、南三区、北二区和陕 181 井区。

1994 年,继续沿着靖边岩溶台地主体向南北发展,重点评价北二区。

1995 年,评价北三区和南三区。

至此,靖边气田规模基本清楚,累计探明天然气地质储量 $2 300.13×10^8 m^3$,含气面积

4 212.3km²,成为当时我国最大的整装海相碳酸盐岩气田。

5. 2003—2012 年,定边界→探规模,东西拓展,含气面积继续扩大,探明了靖西岩性带

进入 21 世纪,深化岩溶古地貌成藏理论,靖边气田向东西两侧扩大,向西发现了靖西岩性带。

2003—2006 年,按照"找潜台、定边界、探规模"的勘探思路,细化岩溶古地貌沟槽展布规律,在靖边气田东侧优选 35 口井,新增探明地质储量 $1289 \times 10^8 \text{m}^3$(图 3-16)。

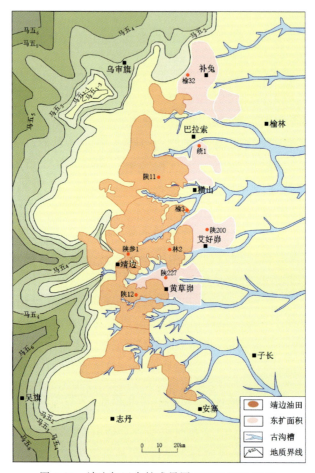

图 3-16 靖边气田东扩成果图(据何自新等,2005)

2005—2006 年,重新处理解释地震剖面 3200km,构建了"四横两纵"6 条地震大剖面,用以研究靖边气田往西的地层分布,恢复古构造格局。剖面显示靖西岩溶古高地仍存在马五$_{1+2}$ 地层保存较全的地区,且靖边气田主力产层是同一层位。这一新发现,为靖西白云岩岩性带的勘探提供了新线索。为此,继续往西转移,继续寻找风化壳气藏。

2009 年,部署钻探的召 94 井试气无阻流量 $123 \times 10^4 \text{m}^3/\text{d}$,是靖边气田发现后,时隔 20 多年再次获得日产超百万立方米的工业气流。从而拉开了靖西白云岩岩性带大规模勘探的序幕。

2012年,经过4年的集中勘探,靖西白云岩岩性带新增探明气藏 $2210 \times 10^8 \mathrm{m}^3$。长庆气田有史以来首次在下古生界风化壳气藏一次提交探明超 $2000 \times 10^8 \mathrm{m}^3$。

经历十多年的的探索,终于在认识上取得了突破性的进展:中组合马五$_5$是盆地内一次较大规模的海侵期,临近古隆起的靖西台坪相带最有利于白云岩化作用,能形成有效的白云岩晶间孔型储层。滩相白云岩储层与上古生界煤系烃源岩直接接触,构成了良好的源储配置。白云岩岩性成藏模式,开辟了中组合的勘探新层系,实现了靖边气田下边找"靖边"。

案例三:元坝气田

元坝气田的发现,是与普光气田同时期开展区域沉积规律研究,认识到元坝地区同样发育台缘礁滩相优质储层,并在普光气田发现的带动下,快速实现了突破。

元坝气田处于四川盆地川北坳陷与川中低缓构造带的结合部,位于构造低部位。气田西北部与九龙山背斜构造带相接,东北部与通南巴构造带相邻,南部与川中低缓构造带相连。受三个构造带的遮挡,元坝地区断裂不发育。

元坝气田与东面的普光气田之间为开江-梁平海槽,处于海槽的西南边缘(图3-17),为北西-南东向的大型台地边缘生物礁滩岩性气藏,具有"一礁、一滩、一气藏"的富集模式,是由多个礁滩岩性体组成的大型岩性圈闭群(图3-18)。气藏埋深约7000m。

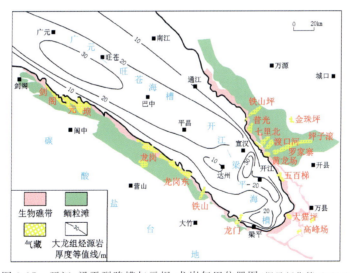

图3-17 开江-梁平裂陷槽与元坝、龙岗气田位置图(据马新华等,2019a)

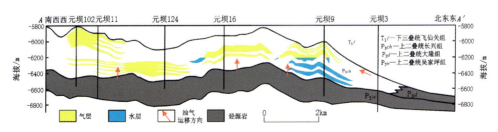

图3-18 元坝气田长兴组—飞仙关组气藏剖面(据胡东风等,2021)

元坝气田主力烃源岩为开江-梁平海槽中沉积的上二叠统吴家坪组(龙潭组)和大隆组(长兴组)泥岩、泥质灰岩。主要含气层段为上二叠统长兴组礁滩相白云岩和白云质(含白云质)灰岩,储集空间由孔隙、裂缝共同组成。生物礁具有"早滩晚礁、多期叠置、成排成带"的特征(图 3-19、图 3-20)。长兴组储层孔隙度为 $2\%\sim10\%$,水平渗透率为 $(0.002\sim0.25)\times10^{-3}\mu m^2$ 或大于 $1\times10^{-3}\mu m^2$。下三叠统飞仙关组储层岩性主要为鲕粒灰岩、藻砂屑和粒屑灰岩等。飞仙关组储层孔隙度为 $1.27\%\sim7.76\%$,平均 3.06%;水平渗透率为 $(0.0065\sim117.01)\times10^{-3}\mu m^2$,平均 $3.05\times10^{-3}\mu m^2$(李大凯,2016)。

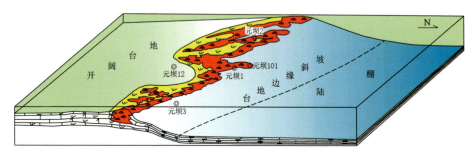

图 3-19　元坝地区长兴组台地边缘生物礁沉积演化模式图(据胡东风等,2021)

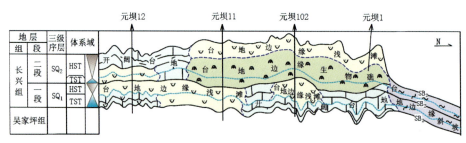

图 3-20　元坝气田上二叠统长兴组沉积模式图(据郭旭升等,2014)

盖层为中—下三叠统嘉陵江组和中三叠统雷口坡组膏盐岩和泥岩。

元坝地区位于川北坳陷低部位,主要目的层理深 7km 左右,地层较平缓,不发育断层或不整合面等高效输导体系。微断层、微裂缝、地层层理面之间的有效匹配,可以起到油气输导体系的作用(图 3-21)。这样的"三微输导"模式,解决了元坝地区超深层弱构造区岩性气藏油气输导体系问题。

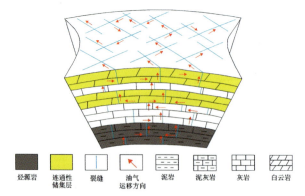

图 3-21　元坝地区长兴组台地边缘生物礁气藏"三维输导"模式(据胡东风等,2021)

油气藏解剖与数值模拟,揭示了深水陆棚—台地边缘油气运聚成藏演化的过程,建立了超深弱变形区"三微输导、近源富集、持续保存"的成藏模式。

元坝气田的形成,经历了早期岩性油藏、中期深埋裂解、后期抬升改造的复杂成藏过程。元坝西南台缘礁滩储集体长期处于构造斜坡带,后期构造以升降运动为主,利于油气的多期大面积运聚。后期构造变形弱,油气保存条件好。

元坝气田的发现,可分为2个阶段(张仕强等,2008;杜金虎等,2011a;郭旭升等,2014;郭彤楼,2020;胡东风等,2021)。

1. 1967—1999年,区内钻探浅层侏罗系,九龙山构造发现茅口组高压气藏

元坝地区的油气勘探始于20世纪50年代。初期,利用模拟地震和数字地震,以下侏罗统自流井组陆相碎屑岩为主要目的层,钻探了4口陆相浅井,在下侏罗统自流井组大安寨段见到了良好油气显示,但未获工业气流。区块北侧的九龙山构造钻探龙4井,在下三叠统飞仙关组和上二叠统吴家坪组钻获气显示,在下二叠统茅口组测试获天然气$(26\sim36)\times10^4\mathrm{m}^3/\mathrm{d}$,气层压力高达98MPa,表明九龙山构造的气藏为异常高压、裂缝-孔洞型气藏。

进入20世纪90年代后,勘探未突破,潜力不明确,勘探处于停滞。

2. 2000—2013年,转向探索礁滩相孔隙型白云岩,发现元坝气田

2000年,中国石化在宣汉—达州市达川地区开展勘探。2001年底登记了巴中勘查区块,包括川中低缓构造带北部及通南巴构造带、九龙山构造带倾伏端。

初期,缺乏沉积相带展布的规律性认识,影响了目标评价与优选。普光长兴—飞仙关礁滩相气田发现之后,继续寻找新目标,聚焦到了开江-梁平陆棚西岸的的元坝地区。

在野外地质调查的基础上,开展区域沉积环境研究,恢复了元坝地区吴家坪期斜缓坡、长兴早期发育生物碎屑滩形成远端变陡缓坡、长兴中晚期叠覆发育三期生物礁形成镶边台地的动态沉积演化过程,重建了跨相带区域沉积格架,建立了"早滩晚礁、多期叠置、成排成带"的发育模式,突破了前期该区处于广元—旺苍海槽深水沉积的认识(图3-22)。

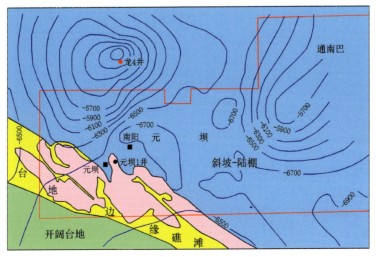

图3-22 元坝地区长兴组礁滩储层预测图(据郭彤楼,2010)

研究认为,元坝地区二叠系—三叠系具备形成台地边缘礁滩相孔隙型白云岩储层的基本条件,揭示了"早期暴露溶蚀、浅埋白云石化作用形成基质孔隙,液态烃深埋裂解超压造缝"的成储机理,建立了"孔缝双元结构"储层模型,解决了规模性储层的发育及分布问题。

据此,调整了前期以构造勘探为主的勘探思路,提出"以二叠系、三叠系礁滩孔隙型白云岩储层为主的岩性或构造-岩性复合圈闭为勘探对象"的勘探思路。

2002年,利用22条区域地震测线,初步落实了元坝地区台缘礁滩相带的展布。

2003年,普光1井首钻发现了长兴组—飞仙关组礁滩相孔隙型白云岩储层的普光气田。

2003和2006年,新一轮地震勘探,借鉴普光气田成功的相控三步法,明确了元坝地区长兴组—飞仙关组台地边缘相带及储集层分布,落实了一批有利的礁滩圈闭目标。

2006年3月,部署了巴中区块长兴组台缘礁滩体的第一口超深探井——元坝1井。

2006年5月26日,元坝1井开钻。

2007年11月,元坝1井在长兴组二段7330~7390m钻遇台地边缘生物礁礁盖白云岩储层,见到良好油气显示。同年11月19日,长兴组二段测试获得$50.3\times10^4\mathrm{m}^3/\mathrm{d}$的工业气流。元坝地区长兴组台缘礁滩气藏获得重大突破,发现了当时中国埋藏最深的生物礁大气田——千亿立方米元坝气田。

元坝1井钻探成功,开辟了中国石化在开江-梁平海槽西侧勘探新领域。中国石化于2007年展开了声势空前的勘探大决战,主攻3个大型礁滩异常体构造带。

2008年4月、6月,元坝2井分别在长兴组一、二段试获工业气流。

2008年,实施元坝二、三期三维地震1571.56km²,整体部署、整体认识元坝长兴组礁滩相储层展布格架的钻井相继完成,元坝12、元坝101井等一批井分别在长兴组台地边缘礁滩相和浅滩相试获中、高产工业气流,元坝大型气田初见端倪。

2009年5月,元坝27井、元坝29井等一批井相继试获日产超百万立方米的高产工业气流。同期,飞仙关组也取得了勘探突破,元坝27井飞仙关组试获工业气流。

2013年底,元坝气田在礁滩领域探明天然气地质储量$2086.92\times10^8\mathrm{m}^3$。元坝气田是我国首个超深层生物礁大气田,也是当时国内规模最大、埋藏最深的生物礁气田。

2006年初,在与元坝气田同属于开江-梁平海槽西侧的龙岗地区,在少数地震剖面中发现了明显的礁滩体反射,初步落实长兴组礁体面积180km²,飞仙关组鲕滩面积250km²。经多次论证,部署钻探了风险探井龙岗1井(图3-23)。

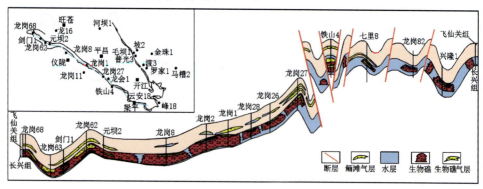

图3-23　开江-梁平海槽西侧台缘带礁滩气藏剖面图(据赵政璋等,2011)

2006年11月,龙岗1井射孔完井酸化,在长兴组、飞仙关组相继获高产工业气流,发现了龙岗气田。证实长兴组生物礁储层发育,属于优质孔隙型;飞仙关组三段是裂缝-孔隙型储层,有效厚度为55.5m,平均孔隙度11.03%;同时还发现了嘉陵江组孔隙性裂缝性储层。建立了"一礁、一滩、一藏"岩性气藏成藏模式,为四川盆地准备了一个千亿立方米级别的整装储量区。2007年,快速甩开钻探,共完成8口探井。中国石油将龙岗气田勘探项目列为"一号工程"。

案例四:英雄岭油气区

英雄岭构造带的勘探发现过程,是在攻克山地地震技术难关、恢复柴达木原型盆地、充分认识残留盆地沉积、构造、成藏演化的基础上,构建源上晚期油气成藏模式,指导发现了英东油田;构建成化湖相碳酸盐岩油气成藏模式,指导发现了英西、英中油田;最终发现了一个大规模油气区。

柴达木盆地夹持于祁连山、昆仑山、阿尔金山三大山系之间(图3-24、图3-25),是典型的高原内陆干旱盆地。盆地西高东低、西宽东窄,沉积岩面积约为$12×10^4 km^2$,是中国西部唯一以新生界为主的大型含油气盆地。

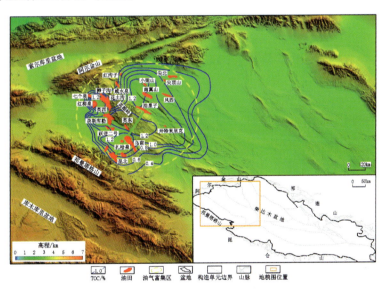

图3-24 环英雄岭地区巨型油气富集区分布(据刘池洋等,2020)

柴达木盆地,是由东昆仑和阿尔金两大左行走滑断裂共同控制的走滑挤压叠合盆地,导致沉积-生烃中心由北西往南东方向迁移,局部地区复合叠加,造成柴西地区为石油勘探重点区域,中东部则为天然气有利勘探区。

英雄岭构造带是柴达木盆地西部茫崖坳陷的冲断隆起带,包括狮子沟、花土沟、游园沟、油砂山等多个地面构造,面积近$3000km^2$。地表海拔为2900~3700m,地形复杂。

英雄岭构造带,沉积时期位于茫崖—红狮生烃凹陷(图3-26),古近系—新近系烃源岩分布于渐新统下干柴沟组下段—中新统上干柴沟组,以下干柴沟组上段最优,是一套独特的高原咸化湖相泥岩、泥灰岩沉积,有机碳含量总体较低(TOC为0.6%~1.0%)、但生烃潜量相

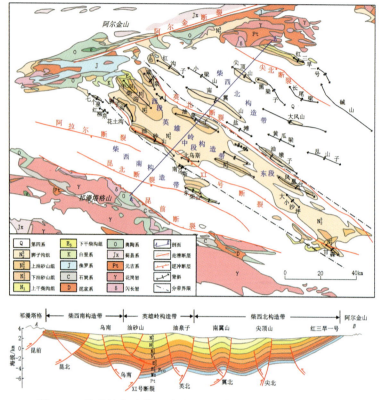

图 3-25 英雄岭构造带地质平面图及剖面图(据王琳霖等,2020)

对较高(2.1~17mg/g)。其具有成熟门限低、生烃窗口宽、排烃时间长、烃转化率高等特点,与淡水湖相烃源岩存在明显差异。

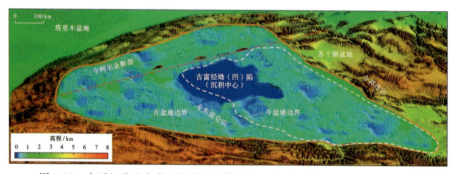

图 3-26 古近纪柴达木盆地沉积边界恢复与现今盆地位置(据刘池洋等,2020)

随着勘探认识的不断深入,落实了高原咸化湖相烃源岩的特征,古近系主力烃源岩分布面积由 $5000 km^2$,扩展为 $1.1×10^4 km^2$(图 3-27),石油资源量由 $15×10^8 t$ 增长为 $33×10^8 t$。

地化分析表明,柴西烃源岩成熟度整体不高,大多自新近系上新统下油砂山组沉积末期开始生排烃,在上新统狮子沟组—更新统七个泉组沉积时期达到高峰。至今油气仍持续充注。

柴达木盆地古近纪—新近纪以高原咸化湖相沉积为主,气候总体干燥寒冷(图 3-28)。

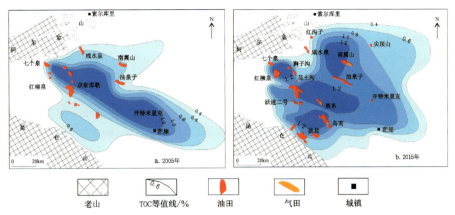

图 3-27　柴达木盆地古近系烃源岩平面分布（据付锁堂等，2016）

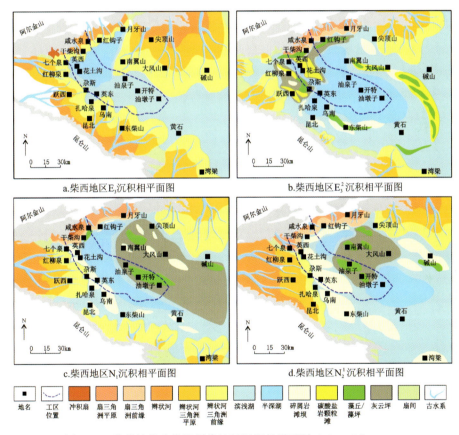

图 3-28　英雄岭构造带及周缘地区沉积相平面图（据龙国徽等，2021）

英雄岭地区古近纪发育半深湖—滨浅湖相的滩坝、三角洲前缘席状砂体,范围较小且埋深大,砂岩镶嵌式胶结,孔隙度平均为 2.3%,渗透率平均为 $0.12\times10^{-3}\mu m^2$。

新近纪发育辫状河三角洲水下分流河道、河口坝等粉砂岩-细砂岩,埋藏浅,粒间孔发育,岩心孔隙度平均为 20.0%,渗透率平均为 $376\times10^{-3}\mu m^2$。砂岩单层厚度总体不大但分布范围较广,纵向上与湖相泥岩互层,形成良好储盖组合。

按照咸化湖盆水动力特点,首次认识到渐新世—中新世湖盆扩张期,砂体依次往东推进,纵向叠合、"满凹含砂",有利砂体勘探面积扩大了 $2.0 \times 10^4 \mathrm{km}^2$(图3-29)。

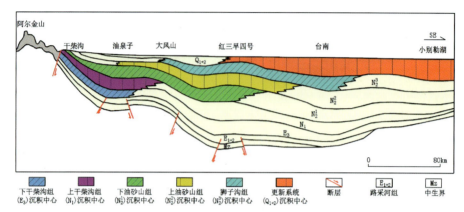

图 3-29　柴达木盆地古近系—新近系沉积中心迁移模式(据付锁堂等,2016)

英雄岭地区受浅层滑脱断层及深大基底断裂共同影响,形成深、浅双层结构。其中,深层断层形成于古近纪,是古近系烃源岩与中浅层构造之间的油气运移通道。浅层断层形成于新构造运动,为系列相伴生的逆冲及反冲断层,控制形成中浅层构造。源圈匹配关系较好,有利于油气晚期成藏(图3-30)。

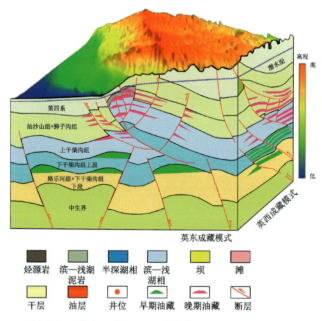

图 3-30　英东和英西油田成藏模式(据刘池洋等,2020)

以往认为,晚期构造中浅层油藏具有"早期成藏、晚期调整、次生为主、规模有限、油层分散"的特点,无法形成大油田。

重新评价认识到,柴西地区油气生成主要在上新世末期以后,而油气充注主要经历了2个阶段,分别是 N_2^1 前后、N_2^3—Q_{1+2} 期间,与新构造运动时期吻合。其中,N_2^1 前后,为构造雏型阶段,且早期烃源岩未到生烃高峰,油气充注规模不大。N_2^3—Q_{1+2}期间,构造定型,古近系烃源岩进入生油高峰,有利于油气成藏。

由此,形成了英雄岭构造带油气晚期复式成藏新模式:坳内断褶—源上富集模式。大型滑脱断层沟通渐新统优质烃源岩,油气沿断裂向中浅层圈闭运移,早期油气藏发生调整,后期的油气持续运聚,深浅断裂形成"接力式"输导,在浅层晚期形成的构造圈闭聚集成藏(图3-31)。该认识提升了英雄岭晚期构造带的勘探地位。

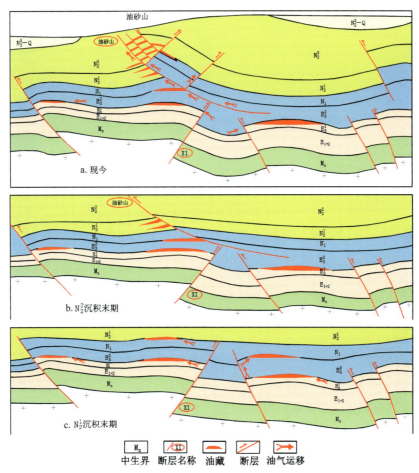

图 3-31　英东地区源上晚期构造复式成藏演化模式(据马达德等,2016)

英雄岭地区的勘探历程,有着明显的阶段性和复杂性(付锁堂等,2012,2016;马达德等,2016;魏学斌等,2021)。

前人普遍认为,柴达木盆地"新构造运动"为新近纪末—第四纪,主要对中浅层油气藏起破坏作用,英雄岭构造带是新构造运动变形破坏最强烈的地区之一。油砂山地表出露的厚层油砂就是证明。英雄岭构造带一直被认为是一个油气富集带,深层古近系构造圈闭一直作为主要勘探目标。晚期构造形成的复杂地质条件,与复杂地貌条件,认识难度与施工难度属柴达木盆地之最。前期历经50年,始终未获突破。后期经过构建本地区成盆、成烃、成藏、成储模式,才实现重大突破。

1. 1954—1974 年，以地面调查为主，钻探地面构造，发现浅层油气田

1954 年 3 月，全国石油勘探会议决定开展柴达木盆地石油勘探。英雄岭构造带勘探工作，地震"五上五下"，钻探"三进三出"，始终未获重大突破。

1955—1960 年，开展地质调查、重磁等综合勘探。围绕英雄岭地区，先后钻探茫崖、油泉子、油墩子、大风山、油砂山等构造，找到油泉子、开特米里克、油砂山、尖顶山油田。

油泉子构造的油 1 井，获工业油流，发现了柴达木盆地第一个油田——油泉子油田。

1958 年，花 2 井发现花土沟油田。

20 世纪 60 年代，以浅探井为主，发现了咸水泉、七个泉、狮子沟、游园沟等油田。

2. 1978—1984 年，钻探深部构造，发现深层油气田，山地地震不过关陷入停滞

1977 年 7 月 25 日，花土沟构造的花 79 井，日喷原油 391m³。柴达木盆地西部深层钻探获得重大突破。

1977 年 10 月 3 日，跃进一号构造的跃参一井，用 22mm 油嘴求产，日产原油 22.8m³。1978 年 2 月 8 日，跃进一号构造的跃深一井强烈井喷，日喷原油 800t。用 14mm 油嘴求产，日产原油 405t。1978 年 8 月 15 日，跃进一号构造的跃深七井强烈井喷，用 12mm 油嘴求产，日产原油 268t。从而发现盆地最大的尕斯库勒油田，探明石油储量 $14\,255\times10^4$t，开辟了潜伏构造和新近系、古近系深层找油的新领域。

1984 年 8 月 20 日，狮子沟构造的狮 20 井发现深层裂缝性油藏，完井后，用不同型号油嘴求产，日产原油 650~910t。但之后，未获得重大突破。

自 20 世纪 80 年代，尕斯库勒油田发现以后，勘探长期陷入沉寂。

随后，开始了长期的复杂山地地震攻关。2001 年以前为常规二维地震攻关。2002—2004 年，是小道距、大组合、大炸药量、较高覆盖次数地震攻关。2005—2008 年，实施了宽线地震采集攻关，期间钻探 4 口深井均未获重大突破。主要原因，一是地形复杂、地震资料差，无法确定构造特征。二是深层以半深湖相沉积为主，主要发育碳酸盐岩储集层，有效储集层认识不足。

3. 2007—2010 年，整体研究源、储、藏，建立源上晚期成藏模式，发现英东油田

2006 年，中国石油召开柴达木盆地勘探工作汇报会，确立了"石油勘探立足柴西南、天然气勘探立足三湖"的战略部署，明确了新的找油理念：构造稳定区是方向，优质源储组合是基础，优势运移通道是关键（秦光明等，2015）。

2007 年以来，青海油田持续攻关，从源、储、藏 3 个方面入手，创建了高原咸化湖盆油气地质理论。明确了"构造稳定区是方向、优质源储组合是基础、优势运移通道是关键"等找油理念，确定了"石油勘探以柴西南区为重点，寻求新突破；天然气勘探以三湖地区为重点，谋求大场面"的战略方向。

按照源上油气富集模式，开展了英雄岭构造带整体研究。纵向上由深层向浅层转变：认识到柴西地区新近系砂岩储层分布明显受湖盆向东迁移的控制，湖退砂进，中浅层"半盆砂"，下生上储的源储组合有利,中浅层最有利。平面上由局部复杂区向相对稳定区转变:油砂山东侧转折部位地形相对平坦,构造应力相对较弱,有可能局部富集。老井复查中浅层油气显示较好。

2010年,以中浅层为目标,优选英雄岭构造带英东一号构造部署钻探砂37井,完钻井深1251m,新近系油砂山组发现油层92层225m,测试8个层组,均获高产工业油气流($10\sim30\text{m}^3/\text{d}$)。随后钻探砂40井,解释油气层近300m,发现了英东油田。2010年提交预测储量超亿吨。英东油田是盆地单个油藏储量最大、丰度最高、物性最好、开发效益最佳的整装油气田。

砂37井突破后,开展了复杂山地三维地震攻关,分别针对大断裂上、下盘,甩开预探和区块评价结合,先后探明了英东一号油藏,控制了二号、三号和下盘3个含油区块。累计探明油气地质储量$7300\times10^4\text{t}$,控制石油地质储量超过$5000\times10^4\text{t}$。

英东油田的发现,打破了新构造区"早期成藏、晚期调整、次生为主"、难以形成大油气田的传统认识,盆地内晚期构造带成为重要勘探领域。

英东油田勘探突破,改变了对英雄岭浅层构造形成期晚、源圈匹配性差,难以形成大油田等认识。勘探创新形成了复杂地区山地三维地震采集处理解释一体化技术,构建了"深部持续生烃,断层接力输导,多期复式聚集"的源上晚期油气成藏模式(图3-32)。英东油田的突破是改造型盆地原盆控源、改造控藏之范例。

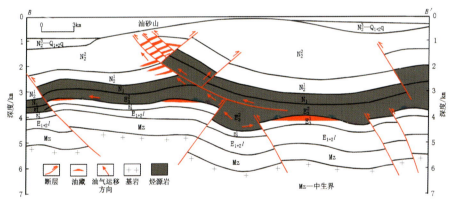

图3-32　英东地区晚期构造源上油气成藏模式(据魏学斌等,2021)

4. 2013—2015年,攻克构造与裂缝分布难题,建立咸化湖相碳酸盐岩成藏模式,发现英西—英中油田

英西油田位于英雄岭构造带西北端,勘探面积500km^2。

1984年,在英西地区依据地面细测和重磁电资料,部署的狮20井获得高产油流。分析认为高产层段为下干柴沟组上段泥灰岩储集层,受断层改造形成的裂缝是高产的关键。随后制定了"古高点、沿断裂、打裂缝"的勘探思路。

20世纪80年代中后期,围绕重磁电资料解释的狮北Ⅰ号和狮北Ⅱ号断层,钻探井4口,仅狮24井获得高产。

20世纪90年代初,围绕高产井部署评价井4口,全部失利。分析认为地下情况复杂,构造及断层展布不落实,勘探工作面临极大风险,需开展地震攻关。

20世纪90年代末期,为了攻克构造和裂缝油藏展布这2个难题,对英西地区深层开展二维地震攻关,首次证实深层为一大型背斜构造,但构造主体成像仍较差,圈闭难以落实。

2005年,采用宽线二维攻关方法再次部署二维地震,构造格局与局部轮廓得到进一步落实,但钻探的多口井试油效果不理想。

2010年,英东油田的发现,复杂山地三维地震勘探技术的重大突破,坚定了向英西地区深层勘探的决心。

2013年,在地面、地下条件更为复杂的英西地区实施三维地震,建立了深层盐岩之下叠瓦逆冲的构造样式。分析发现英西地区深层碳酸盐岩储集层除裂缝、溶蚀孔发育以外,还存在大面积分布的灰云岩晶间孔。

2014年,针对基质孔隙为主的连续型油藏在构造主体部署狮41井,日产油29t,累计产油5171t。为寻找断裂控制的缝洞型高产油藏而部署的狮42井中途测试,自喷折算日产油173.62m^3、天然气24 420m^3。

两口井的成功,证实了灰云岩储集层的有效性,解开了老井高产、稳产的谜团,改变了单一裂缝控藏的传统认识,揭开了深层油气勘探的新篇章。

2015年10月14日,在英雄岭构造带西北端的重点预探井狮38井钻至3 804.62m时,出现强烈油气显示,成为30年来青海油田日产最高井。在"裂缝+白云岩微孔、晶间孔"成藏理论指导下,破解了英西世界级勘探难题。

自2015年后,陆续发现了6个油气富集区。钻探了中国陆上少有的9口日产千吨以上油气井。明确了英西为国内外罕见的咸化湖相碳酸盐岩多重介质储集层类型的高压、高产构造岩性油气藏,油藏受控于高效盐岩盖层、极强非均质性的孔-洞-缝型储集层,具有整体含油,局部高产的特点。英西、英中油田累计提交三级石油地质储量1.60×10^8t。

综合研究英西地区下干柴沟组上段油藏咸化湖相碳酸盐岩油藏,创新三大地质认识:

(1)创建了咸化湖盆烃源岩"多成因类型多峰式"生烃模式。即,低成熟可溶有机质生烃阶段,成熟—高成熟不溶有机质(干酪根)有效保存、高效转化。

(2)创建了咸化湖相碳酸盐岩准同生交代-岩溶-断溶的成储机制。改变了咸化湖盆"有源无储、裂缝控藏"的片面认识。

(3)创建了"低熟早排、源储一体、多层共聚、晚期调整"的复合油气成藏模式(图3-33),为认识咸化湖相碳酸盐岩广泛发育微米—纳米级孔喉系统"油气高效富集创造了条件。

英西油田下干柴沟组上段油藏勘探突破,开启了柴达木盆地咸化湖相混积型碳酸盐岩勘探新纪元,揭示柴达木盆地咸化湖相碳酸盐岩,紧邻优质烃源岩,具有近源成藏,源储一体的特征。

第二节 综合研究,有序展开

勘探突破之后,理想的状态是,快速建立起本区域成藏地质模式,着眼区域,优选重点区

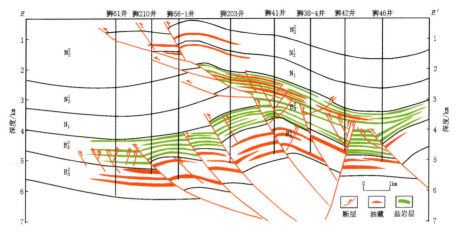

图 3-33　英西地区下干柴沟组上段油气成藏模式(据魏学斌等,2021)

带进行评价。在不断丰富完善成藏地质规律认识的基础上,逐步实现本区域的整体认识、整体勘探。

案例一:长庆油田中生界石油勘探

鄂尔多斯盆地中生界的石油勘探,每一个新油田的发现,都是在突破之后,系统开展石油地质条件综合研究,形成本地区石油成藏规律性认识,继而以成藏规律为指导,整体部署、有序发现。

纵观长庆油田中生界石油勘探历程,先后创新形成了古河道-古高地的古地貌控藏、内陆湖盆河流三角洲成藏、西南部辫状河三角洲成藏、三叠系多层系复合成藏等石油地质理论模式,有效指导了侏罗系、三叠系石油勘探,发现了安塞、西峰油田、姬源、华庆等大油田。勘探发现过程可分为 5 个阶段(杨华,2012;付金华等,2013,2021)。

1. 20 世纪 70 年代,建立古地貌成藏理论,指导侏罗系石油勘探

20 世纪 50、60 年代,按照"背斜找油"理论,集中勘探盆地西北部的灵武、盐池、定边等地区,发现了李庄子、马家滩、马坊、大水坑等一批小型油田,但未取得较大进展。

进入 20 世纪 70 年代,盆地南部侏罗系古地貌控油新认识被提出,按照"区域展开、重点突破、分区歼灭"部署原则,先后组织了马岭、华池、吴起、姬源、红井子 5 次会战,扩大侏罗系、改造延长组、勘查古生界,发现了马岭、摆宴井、红井子等侏罗系油田。1978 年提交探明石油储量 8407×10^4 t。

近年来,通过构造研究、地层厚度恢复、三维地质建模等,精细刻画了盆地侏罗系古地貌(图 3-34),发展了古地貌油藏群成藏理论,突破高地和古河勘探禁区,坚持"上山下河、纵向拓展"的勘探思路,发现一批侏罗系油田群。

侏罗系古地貌石油成藏理论是指,侏罗纪古河谷下切沟通三叠系延长组生油岩,河道砂体既是油气运移通道,也是储层,油气沿斜坡向上运移到压实披盖构造成藏(图 3-35)。

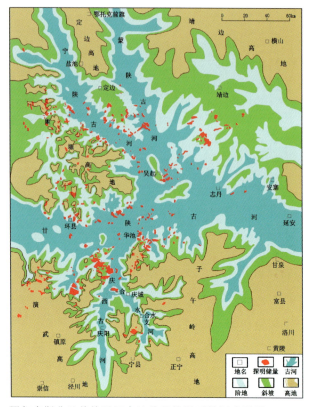

图 3-34　鄂尔多斯盆地前侏罗纪古地貌及侏罗系勘探成果图(据付金华等,2021)

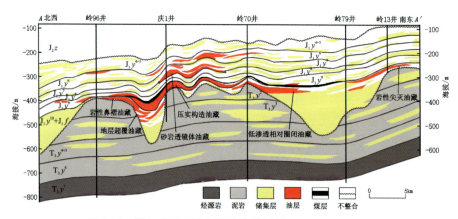

图 3-35　鄂尔多斯盆地侏罗系油藏剖面(据张才利等,2021)

具体来讲：①延长组古地貌严格控制了延安组下部的沉积类型、相带展布及压实披盖构造的形成与分布。②深切延长组的古河谷,既切穿了延长组生油岩,又为油气运移提供了良好的通道,与有利的储层及背斜、鼻隆等构造有机配置,即可富集成藏。③侏罗纪古地貌斜坡带上的坡咀、阶地、河间丘,是延安组下部有利成藏区。

三叠系沉积末期,印支运动造成盆地整体抬升,延长组顶部遭受长期风化剥蚀及河流侵蚀,形成水系广布、沟壑纵横、丘陵起伏的古地貌。

横贯盆地东西的甘陕一级古河,近南北向的宁陕、庆西、蒙陕二级古河,将盆地南部切割为姬源、演武、子午岭及靖边古高地。此古地貌沉积了下侏罗统富县组、延安组地层,控制了侏罗纪早期河流相沉积格局与岩相分布。

延安组下部河道砂体叠置厚度大、物性好。下部的延长组烃源岩生成的石油沿早侏罗世的深切谷首先垂向运移,后转为侧向运移,在高地斜坡、丘嘴、河间丘等岩性变化带聚集成藏。古地貌差异压实作用形成了有利的构造圈闭。两条古河道相交处切割形成的丘嘴具有良好的油气遮挡条件。

古地貌成藏理论实现了从构造到岩性为主的找油战略转移,有效地指导了侏罗系石油勘探,优选出陇东、陕北两个重点区,并迅速在陇东地区取得中生界重大突破。相继发现的马岭、华池、元城、城壕等油田,迎来盆地第一个石油储量增长期,累计探明石油地质储量$9171×10^4$ t。

2. 20世纪80、90年代,完善内陆湖盆河流三角洲成藏理论,指导三叠系石油勘探

20世纪80年代初,长庆油田引入内陆湖盆河流三角洲成藏理论,提出"东抓三角洲、西找湖底扇"的勘探思路,石油勘探方向从侏罗系转入盆地东部伊陕斜坡的三叠系,勘探重点为盆地东部的安塞三叠系延长组三角洲、盆地西部镇北三叠系延长组水下扇。

1983年,发现了安塞油田,至1988年底,探明石油储量$10\,561×10^4$ t,成为鄂尔多斯盆地第一个以三叠系油藏为主、探明储量上亿吨的特低渗透大油田。

1994年,在安塞油田西面靖边—志丹三叠系延长组长六段(长6,下同)三角洲,发现了靖安油田。

1995—1999年,靖安油田探明石油储量$25\,516×10^4$ t,成为中国当时面积最大、探明储量最高的特低渗油田。与此同时,发现镇北、绥靖等油田,探明胡尖山、演武等油田,新增探明石油储量$53\,229×10^4$ t,迎来盆地第二个探明石油储量增长高峰期。

内陆湖盆河流三角洲成藏理论主要是:上三叠统延长组湖岸线变迁及三角洲沉积体系控制了陕北地区的油气成藏,油气富集于湖岸线摆动地带,向湖一侧生油,向陆一侧储油,生油岩与储层侧向对接交互接触。

鄂尔多斯盆地晚三叠世早期延长组时期,气候温暖潮湿,降雨充沛,盆地开始下拗,经历了陆相湖盆的频繁振荡和湖盆中心的迁移演化,沉积了延长组千余米的湖泊-三角洲相体系,形成多套有利的生、储、盖组合(图3-36)。

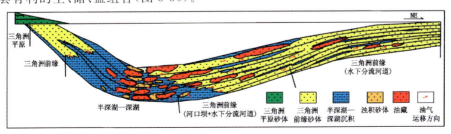

图3-36 华庆地区长6油层成藏模式图(据赵政璋等,2011)

其中,长 7 段为湖盆发育鼎盛阶段,沉积了厚度大、分布广、有机质丰富的优质烃源岩。有机质类型属腐殖-腐泥型,平面上烃源岩呈北西-东南向倾斜的葫芦状。厚度大于 100m 的有效烃源岩面积约为 $3.5 \times 10^4 km^2$,基本以盐池、吴旗、富县、径川、镇原、环县为界,有机碳含量为 2%~5%,氯仿"A"含量为 0.3%~0.5%,烃含量为 $(1833 \sim 3505) \times 10^{-6}$,泥岩干酪根、煤岩反射率为 0.73%~1.06%,普遍成熟,生油能力强。

湖盆北斜坡构造平缓,建设性三角洲向湖盆进积叠加、横向摆动,水上、水下分流河道、河口坝砂体纵向叠置、横向叠合连片。由东向西,该区域发育安塞-砖窑湾、郝家坪-王窑等 10 条砂体,整体呈东北方向,单层砂厚 20~30m,宽 4~16km,仅三角洲前缘延伸 70~110km,形成巨大的三角洲砂体聚集体。

湖泛期形成的长 7、长 4+5 大面积泥岩,为三角洲储层的区域盖层。

生、储、盖的有利配置,奠定了大面积岩性油藏的物质基础。

泥岩欠压实与生烃增压,成为油气运移的主要动力。超压驱动油气,沿裂缝、骨架砂体向储层幕式充注,围绕生烃中心在低势区聚集成藏,源上、源下复式成藏。

三角洲成藏理论有效地指导了鄂尔多斯盆地三叠系延长组石油勘探,实现了石油勘探层系由侏罗系向三叠系的战略转移,先后发现了安塞、靖安等亿吨级含油富集区,是长庆油田发展史上的重要里程碑。

3. 2000 年以来,提出了盆地西南部发育辫状河三角洲沉积的新认识,指导发现了西峰油田

西峰油田位于伊陕斜坡中部,主力含油层系为三叠系延长组长 8 油层。

20 世纪 70 年代,基本认识了延长组含油特征,但当时的工艺技术难以有效开发。

20 世纪 80 年代至 90 年代中期,基于延长组发育水下扇的观点,开展大规模勘探,发现西峰地区长 6 至长 8 不存在大面积水下扇,砂体分布不稳定,未取得实质性突破。

2000 年以来,开展了西峰地区陆相生烃能力评价、沉积模式重构、砂岩展布形态描述、油藏运移聚集等系统攻关,认识到该区为辫状河三角洲沉积体系,否定了长期以来"陇东是局部水下扇,难以形成大面积储集体"的认识。通过描述,发现了 4 条西南-东北走向的砂体带,发现了长 8 高渗高产区块,实现了陇东地区石油勘探重大突破。

辫状河三角洲沉积理论主要是:陇东地区延长组长 8 属辫状河三角洲沉积,发育多条北东-南西走向的三角洲砂体,三角洲前缘水下分流河道延伸远、展布宽,砂体连续性好,可达数百平方千米,是重要的勘探目标。

长 7 主力生油岩与长 8 储层"上生下储"。长 7 油页岩既是主力烃源岩,又是长 8 油藏的区域盖层。垂向上,长 8 与长 7 明显的剩余压差成为油气向下运移的动力。横向上,西峰地区处于流体低势区,为油气运移的有利方向。在此背景下,大型砂岩储集体与上倾方向致密遮挡的配置,形成了典型的辫状河三角洲大型岩性油藏(图 3-37)。

陇东地区自长 7 开始发育深湖相,随后持续发育深湖—半深湖,一直延续到长 4+5,深水相带延续最久。

西峰地区长期位于延长组深湖区,生油岩厚度大、丰度高,生烃强度达 $(100 \sim 300) \times 10^4 t/km^2$,西峰地区石油资源探明率为 7.3%,勘探潜力较大。同时认为,长 6 至长 8 勘探程度较低,为重点层系。

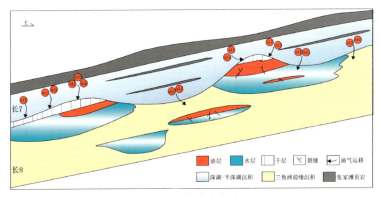

图 3-37　镇径地区长 8 油藏成藏模式(据丁晓琪等,2011)

在这一认识指导下,2000 年以来,经过 2 年多的集中勘探,发现并探明了西峰大型油田。截至 2003 年底,已探明石油地质储量 1.0822×10^8 t,控制石油地质储量 2.0316×10^8 t,预测石油地质储量 1.2383×10^8 t,三级储量合计 4.3521×10^8 t。

4. 2003 年以来,提出三叠系多层系复合成藏理论,指导发现了姬源油田

姬源油田横跨伊陕斜坡、天环凹陷两大构造单元,三叠系延长组发育三角洲岩性油藏,主要目的层为长 4+5、长 6、长 8、长 2 油层组。

姬源地区勘探始于 20 世纪 70 年代的长庆油田会战初期。

2003 年以前,主要勘探目的层为延安组及延长组上部长 2 油层,发现了一批小油田。

2003 年,发现了延长组长 4+5 油层,拉开了姬源油田勘探的序幕。随后展开了姬源地区长 4+5 油层组的综合地质研究与整体评价,形成了三叠系复合成藏理论。同时坚持"甩出去,打下去",在下部长 8、长 9 油层组不断有新发现。

多层系复合成藏理论主要是:姬源地区位于湖盆西北部的长 7 生烃中心,油源充足,生烃增压,上下双向排烃。长 2、长 4+5、长 6、长 8、长 9 湖盆西北及东北物源的三角洲体系在此交会,纵向上多层系储层共同成藏。

印支运动造成华北大盆地解体,鄂尔多斯地区发育内陆坳陷,继承了晚古生代以来的稳定克拉通背景,盆地周缘为古陆,盆地腹部坡度小、较平坦。盆地内缺乏大型断陷,古气候与盆地周边的构造活动控制了沉积充填。鄂尔多斯盆地晚三叠世构造稳定,湖盆底形相对平缓,具备发育大型三角洲砂岩储集体的古地貌背景。长 9、长 8、长 4+5 时期,姬源地区发育三角洲前缘沉积体系。

鄂尔多斯盆地南部中生界沉积基底为大型台块,晚三叠世形成了面积大、水域宽、深度浅、基底平缓、分割性小的淡至微咸水湖泊,沉积了本区中生代主要生油层。延长组长 7 段湖侵暗色泥岩、页岩、油页岩,是一套区域性的优质烃源岩,生烃强度高(大于 300×10^4 t/km^2),是中生界主力烃源岩。

伊陕斜坡整体西倾,构造平缓,倾角平均在 0.5°左右,延长组油藏主要受控于岩性致密遮挡与侧向岩性相变。长 2 至长 6、长 8、长 9 三角洲前缘水下分流河道砂体总体近南北向展布,与相邻的分流间湾、分流间洼地泥质岩东西向相间分布,在西倾单斜背景上形成上倾方向遮挡,与砂泥岩侧向的岩性相变,共同成为岩性圈闭。

长 7 深湖—半深湖相生油岩,与长 2~长 8、长 8、长 9 储层形成上生下储、下生上储的储盖组合。生烃增压作用下,长 7 生油岩生成的原油通过高渗砂体向上、向下运移,在长 4+5、长 6、长 8 形成大规模岩性油藏;通过微裂缝和前侏罗纪古河的输导体系,在长 2 及侏罗系形成了高产的构造-岩性油藏。

根据这一认识,2003 年以来发现的姬源油田,是继安塞、靖安油田之后的又一大油田,也是近年来中国石油陆上第一个储量规模达 10×10^8 t 的特大油田。

5. 2007 年以来,提出湖盆中部三角洲及重力流复合控砂理论,指导发现了华庆油田

华庆地区石油勘探始于 20 世纪 70 年代,早期主要勘探延安组延 9、延 10 油层,在侏罗系甘陕古河两岸的坡咀上发现了元城、五蛟、城壕等一批侏罗系高产油藏。

传统认为,华庆地区延长组处于湖盆中心,长 6 以泥岩类为主,砂岩不发育,勘探也一直未取得突破。

通过总结陕北、陇东、姬源地区石油勘探认识,进一步开展沉积相、储层评价、资源论证、油藏控制因素的综合地质研究,提出了华庆地区长 6 发育三角洲前缘分流河道砂体与浊积体的新认识,勘探领域向盆地西北部及半深湖区延伸,突破了三叠系湖盆中心的勘探禁区,提出了三叠系湖盆中部三角洲及重力流复合控砂理论,指导华庆地区石油勘探取得了重大突破。

湖盆中部三角洲及重力流复合控砂理论的主要是:①湖盆缓坡带三角洲前缘砂体横向稳定,纵向叠加,形成厚层砂岩。陡坡带三角洲前缘砂体不发育,其前端可形成较大规模的滑塌浊积砂岩,多层叠加形成厚层砂岩。②长 6 早期处于基底上升与下降的转换期,湖盆从鼎盛转向萎缩,周边物源充足,三角洲前缘砂体不断向深湖区进积,砂体之下的深水泥岩岩性较软,砂体沿斜坡向深湖中心滑动,形成延伸较远的三角洲前缘与浊流砂体叠置的厚层砂体。③与延长组长 7 优质烃源岩相互配置,形成了大规模岩性油藏。

在这一认识指导下,2007 年以来,勘探开发一体化,快速高效地探明了华庆大油田,成为继西峰、姬源之后的又一个整装的超亿吨级储量区(图 3-38)。

至 2012 年底,鄂尔多斯盆地长庆探区发现油田 30 个,探明石油储量 307 609×10⁴ t,落实了姬源、华庆、陇东、陕北 4 个十亿吨级含油富集区。

长庆油田立足低渗透岩性油藏勘探,发展创新了"湖相优质烃源岩生烃潜力、湖盆中部成藏机理、多层系石油富集规律、大型三角洲沉积模式、非常规油藏赋存特征"五大理论认识,实现了"勘探领域从三角洲拓展到深湖区、勘探层系从延长组中上部拓宽到延长组下部、勘探类型由常规油藏发展到非常规致密油"的三大转变,引领了勘探不断取得新发现,在陕北、陇东、姬源、华庆以及湖盆中部致密油勘探区 5 个地区取得重大突破,石油储量大幅度增加。

案例二:长庆油田上古生界天然气勘探

长庆油田针对鄂尔多斯盆地石炭系—二叠系开展天然气地质条件综合研究,从勘探到开发,子洲—榆林气田历时 5 年,苏里格东区则缩短到 2 年(图 3-39)。

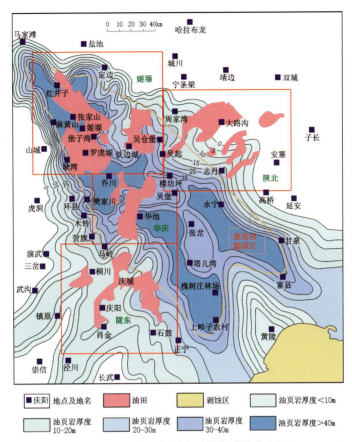

图3-38 鄂尔多斯盆地延长组长7烃源岩及勘探成果分布图(据付金华等,2013)

鄂尔多斯盆地天然气勘探发现过程,先后提出了"广覆式生烃、大面积供气"、三角洲平原相天然气成藏模式、上古生界大面积砂岩岩性气藏成藏理论等认识,指导发现了榆林—子洲、苏里格等大气田,可分为3个阶段(郝蜀民,2001;杨华等,2002;杨华,2012;席胜利等,2015;张才利等,2021)。

1. 1982—1992年,提出"广覆式生烃、大面积供气"认识,勘探由盆缘构造转向盆地腹部,未取得实质性突破

20世纪70年代初,受美国落基山掩冲带油气田发现的启示,在鄂尔多斯盆地开始寻找构造气藏,勘探重点集中在西缘逆冲构造带上,发现了刘家庄、什股豪等一批含气构造。随后在西缘横山堡地区钻探了40余口井,除发现胜利井等一批小型断块构造气藏外,勘探未获突破。

1982—1983年,随着北美地区逆冲推覆构造带勘探的突破,天然气勘探的重点转向西缘横山堡地区的逆冲推覆构造,钻井30余口,探明了以胜利井为代表的上古生界小型气藏,探明天然气地质储量$18.25 \times 10^8 m^3$,但没有取得整体性的突破。

随着煤成气地质理论的引入,鄂尔多斯盆地首次开展了石炭系—二叠系煤系地层天然气

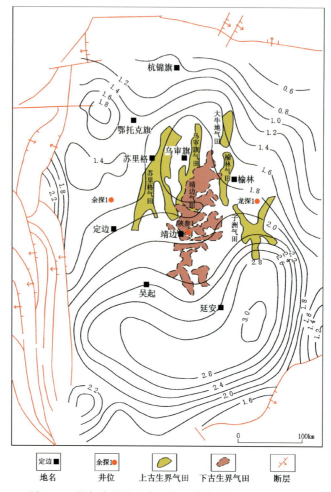

图 3-39　鄂尔多斯盆地主要气田分布图(据肖晖等,2013)

勘探地质综合研究,认识到,石炭纪—二叠纪早期,盆地气候湿润、植被繁盛,广泛沉积了海陆交替互相含煤层系。在大量煤系烃源岩热模拟试验的基础上,发现煤系烃源岩有机质丰度较高,有机质类型为腐殖型,热演化程度达成熟—过成熟,生烃强度达$(16\sim40)\times10^8\,m^3/km^2$,是盆地古生界重要的气源岩。盆地腹部勘探重要性得以凸显。

1985 年,将勘探转向盆地内部,首先在盆地腹部的单测线隆起—麒麟沟隆起上钻探了麒参 1 井。该井在奥陶系风化壳获得工业气流,天然气勘探主战场由盆地周边全面转向盆地腹部。

1985—1989 年,在盆地西部天环坳陷、东部榆林—绥德、北部伊盟隆起等构造上累计钻井 41 口,在盆地东部探明了镇川堡气田,当时获得天然气探明储量 $100\times10^8\,m^3$。尽管规模不大、勘探仍缺乏实质性突破,但煤成气理论的完善,奠定了鄂尔多斯盆地全面进行天然气勘探的基础。

地矿系统方面,20 世纪 90 年代,鄂尔多斯盆地北部下古生界天然气的勘探已成为重中之重。原地矿部在"七五"末提出了"主攻盆地下古生界奥陶系风化壳和兼探下古生界盐下气藏"的勘探方针。1991年,提出"回到原型盆地找气"的勘探思路。1992年,提出了"主攻下古,兼探上古"的指导思想。但这一次勘探层位由上古生界向下古生界的转移,在"八五"期间,实现了奥陶系风化壳天然气勘探的突破,分别在塔巴庙地区的鄂5井和鄂8井获得工业气流,在奥陶系盐下获得天然气流。但对众多的上古生界天然气显示层并未开展深入的评价,制约了上古生界大中型天然气田的发现。

2. 1994—2003年,提出三角洲平原相成藏模式,发现了榆林—子洲气田

在下古生界风化壳气藏钻探过程中,90%以上的井在上古生界也见到良好的含气显示。钻探表明,鄂尔多斯盆地北部上古生界以河流三角洲沉积为主,砂岩广覆性展布,地层普遍含煤。经过重新研究,大胆提出了上古生界可能存在大面积砂岩岩性气藏的认识。

因此,从1994年开始,在不断展开追踪奥陶系风化壳气层的过程中,兼探上古生界的气藏,密切注意上古生界勘探的突破口。

1996年,榆林地区的陕141井在二叠系山西组二段获得了$76.78\times10^4 m^3/d$高产工业气流,发现了千亿立方米榆林气田。气藏主要受控于三角洲沉积砂体,为典型的岩性气藏。

1995—1998年,上古生界的榆林和乌审旗2个储量超过千亿立方米的大气田被发现。实现了鄂尔多斯盆地天然气勘探的第二次突破,天然气勘探重点由奥陶系风化壳转向上古生界砂岩气藏。

2003年,长庆油田在追踪榆林地区山二段主砂体往东南方向的延伸时,甩开钻探了榆29井,山西组二段试气获得天然气$12.92\times10^4 m^3/d$,发现了千亿立方米子州气田。

在榆林—子洲地区勘探中,提出了山西组早期海相三角洲新认识,即"山西组二段海相三角洲沉积与改造是构建有效储集体"的新思想。

榆林—子洲地区山西组二段总体上为河流-浅水三角洲,自下而上以三角洲为主向河流过渡。由北向南发育规模较大的三角洲分流河道,主河道两侧发育多条支流水系;水下分流河道向南分叉,形成多个支状砂体,叠合成为砂体群,分布较稳定,连通性好。

在盆地西倾背景上,东侧为河流间湾泥岩遮挡,砂体向南延伸入海逐步尖灭。上覆山西组一段区域泥质岩构成良好的顶部封盖,形成大型南北向条带状岩性圈闭。

同时,修正了前三角洲烃源岩生气、前缘砂体为储层、平原相为盖层的传统三角洲油气成藏模式,提出了三角洲平原相天然气成藏模式:榆林—子州地区山西组三角洲平原沼泽相煤层和暗色泥岩,与分流河道砂体之间的良好配置,是气藏富集的最主要因素。这一模式,为我国含煤盆地天然气勘探提供了范例。

3. 2000—2007年,提出上古生界大面积砂岩成藏理论,探明了苏里格气田

苏里格地区位于鄂尔多斯盆地西北部,主要发育大型陆相砂岩岩性圈闭气藏,主力产层为二叠系石盒子组八段和山西组一段。

苏里格气田勘探始于20世纪90年代中期,在靖边气田勘探过程中,多口探井在二叠系见到含气显示。

在榆林、乌审旗气田的带动下,从1998年开始,按照大型岩性圈闭气藏的勘探思路,在盆地东部神木、西部桃利庙、鄂托克旗寻找上古生界岩性圈闭气藏。结果表明，上古生界砂岩普遍含气，存在类似榆林气田的地质条件。

1998—1999年，利用大规模高分辨率地震资料开展沉积体系研究，发现苏里格地区发育大型河流三角洲复合砂体。

1999年，苏里格地区甩开钻探了苏1、苏2井和桃2、桃3、桃4、桃5井，发现了高孔高渗石英砂岩储层，证实了该区是石盒子组8段、山西组1段的有利含气区。

2000年，围绕桃5井甩开部署了苏5、苏6井。苏6井在二叠系石盒子组8段砂岩试气获得无阻流量 $120 \times 10^4 \mathrm{m}^3/\mathrm{d}$ 的高产工业气流，发现了苏里格气田。

2000—2001年，两年探明了地质储量达 $6025 \times 10^8 \mathrm{m}^3$ 的中国第一大气田——苏里格特大型气田。

区域地质研究认为苏里格地区具有大面积含气特征，形成了上古生界大面积砂岩岩性气藏成藏理论。主要内容是：晚古生代，鄂尔多斯地区沉积古地形平缓，沉积坡度小于 $1°$，湖泊水体较浅，河流携砂能力强，碎屑物质搬运距离远，形成了大型缓坡型三角洲沉积体系。上古生界煤层和暗色泥岩广覆式分布、广覆式生烃，盆地大部分地区处在有效供烃范围。大范围砂体与广覆式气源岩叠置，天然气沿储集砂体、微裂缝多点式充注、近距离运移聚集成藏，奠定了大面积含气的基础。

在上古生界大面积砂岩岩性气藏成藏理论指导下，苏里格地区"整体勘探、整体部署、分步实施"，形成了"区域甩开探相带，整体解剖主砂体，集中评价高渗区"的大型岩性气藏勘探部署思路。2007—2014年连续8年新增天然气基本探明储量超 $5000 \times 10^8 \mathrm{m}^3$，成为我国第一个超万亿立方米储量整装大气田。

2007年以来，苏里格气田东部、北部、西部都取得重大突破，连续8年新增储量超 $5000 \times 10^8 \mathrm{m}^3$，2014年生产天然气近 $240 \times 10^8 \mathrm{m}^3$，占长庆油田天然气总产量的60%以上。

可以说，煤成气理论的引入，解决了盆地腹部勘探的根本性气源问题。河流-湖泊三角洲成藏理论，解决了盆地中部上古生界高渗储层发育区的认识问题。以此为指导，实现了榆林、子洲、苏里格等上古生界大气田的快速勘探开发（图3-40）。

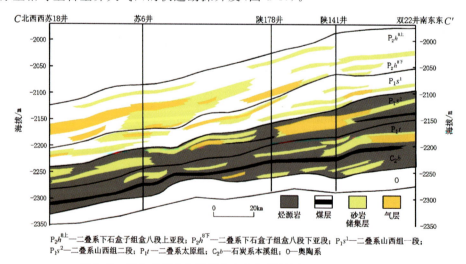

图3-40　鄂尔多斯古生界近南东向气藏剖面（据张才利等，2021）

案例三:玛湖凹陷砾岩大油区

玛湖凹陷 $10×10^8$t 大油区的勘探发现过程,是在没有可供借鉴的成藏地质模式指导的情况下,从断裂带走向斜坡区再走向凹陷区,从构造油气藏转向地层-岩性油气藏,从单个扇体油藏转到扇控大面积含油成藏,创新形成了大型浅水扇三角洲模式和源上砾岩大油区成藏理论,指导发现了 $10×10^8$t 大油区。

玛湖凹陷是准噶尔盆地中央坳陷的次一级负向构造单元,西邻西北缘断裂带(乌夏断裂带、克百断裂带、红车断裂带)(图 3-41、图 3-42)。

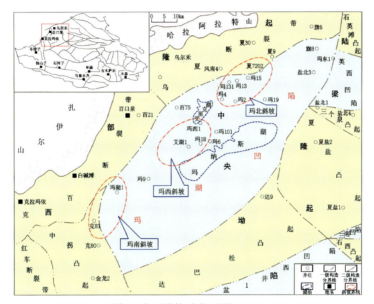

图 3-41 玛湖凹陷区域构造位置图(据匡立春等,2014)

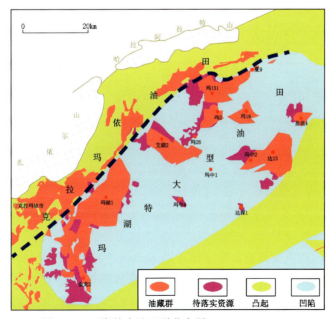

图 3-42 玛湖特大油田群分布图(据牟雪江等,2018)

玛湖凹陷发育二叠系佳木河组、风城组、下乌尔禾组和石炭系4套有效烃源岩。其中,以风城组烃源岩为主,分布面积广,约为8000km²;厚度大,一般为50～400m;以Ⅱ型干酪根为主,有机碳含量为0.14%～32.35%,平均2.91%;整体处于高成熟演化阶段。

整体表现为单斜构造,地层倾角为3°～7°,局部发育鼻凸、凹槽和平台构造,深浅地层构造具有很好的继承性。

在单斜背景上,玛湖凹陷周缘发育六大物源,与之相对应,发育夏子街扇、黄羊泉扇、克拉玛依扇、中拐扇、盐北扇、夏盐扇六大扇体群(图3-43)。三叠系百口泉组以扇三角洲沉积为主,前缘亚相发育,砂体推进至湖盆中心。自下而上,百口泉组一段扇三角洲前缘相带面积为3570km²,有效厚度平均20m;百口泉组二段扇三角洲前缘相带面积为4740km²,有效厚度平均25m。六大扇体的扇三角洲前缘相带分布面积较大,均在数百平方千米。

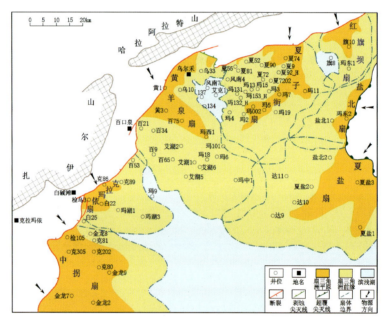

图3-43 玛湖凹陷三叠系百口泉组二段沉积体系分布图(据匡立春等,2014)

准噶尔盆地环玛湖地区,主要含油层系三叠系百口泉组埋深2812～3920m,属于超深特低渗致密砂砾岩储层。百口泉组砂砾岩为整体湖侵背景下的扇三角洲沉积体系,前缘相带最为有利。

玛湖凹陷斜坡区三叠系百口泉组三段发育湖相泥岩,是百口泉组二段扇三角洲前缘砂体的区域直接盖层,构成良好的顶板条件。玛北斜坡区局部,百口泉组一段与百口泉组二段底部为扇三角洲平原亚相的致密砂砾岩,成为扇三角洲前缘砂体的良好底板条件。扇体与扇体之间,多以扇间泥岩分割,在前缘相带的两翼形成良好的侧向遮挡。斜坡上倾部位的扇三角洲平原亚相致密带,以及断裂带,成为高部位侧向遮挡条件。

玛湖凹陷斜坡区,受到盆缘海西期—印支期多期逆冲推覆作用的影响,发育一系列具有调节性质、近东西向的压扭性走滑断裂。断距不大,断面陡倾,大多数断开二叠系—三叠系百口泉组。断裂数量较多,在平面上成排、成带发育,并与主断裂相伴生。断裂两侧不仅发育一系列正花状构造,而且发育一系列鼻状构造。百口泉组储层垂向上距离二叠系风城组主力烃源层1~2km,这些断裂成为源外跨层运聚的通道,为大面积成藏提供了良好的输导条件。

百口泉组主力油层相对集中,跨度一般小于30m,单油层厚度为1.0~8.1m;发育1~5层隔夹层,隔夹层厚度为1.0~5.0m。

原油油质轻,地面原油密度为0.825~0.838g/cm³,50℃原油黏度为4.94~9.51mPa·s。地层中部压力为31.78~62.85MPa,纵向压力变化大,压力系数从上至下逐步由1.00升高至1.63,属于常压—异常高压系统。

储层岩性以灰色—灰绿色小砾岩、细砾岩、中砾岩为主,非均质性强,岩石偏塑性,水平两向应力差较大,达10~22MPa,天然裂缝不发育。储集空间整体以粒内溶孔、剩余粒间孔为主,油层孔隙度为8.84%~10.38%,空气渗透率为(1.44~5.48)×10⁻³μm²,属特低孔、特低渗油藏,直井产量低或无连续生产能力。试油试采未见边底水。

总体来看,玛湖凹陷百口泉组为主体受构造控制、局部受岩性控制、不带边底水的砂砾岩岩性油藏(图3-44)。

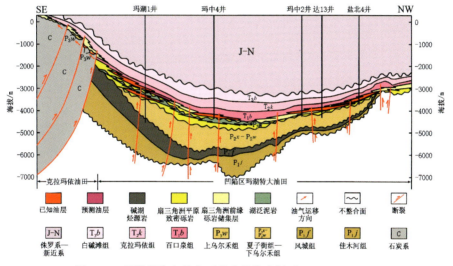

图3-44　玛湖凹陷扇控大面积成藏模式剖面(据陈磊等,2020)

玛湖凹陷10×10⁸t大油气的发现,经历了3个阶段(匡立春等,2014;石杏茹,2018;唐勇等,2019)。

1. 1989—1993年,一上斜坡区,寻找构造油气藏,玛2井成功但甩开失利

1989年,课题"准噶尔盆地西北缘老区挖潜深化勘探技术研究"认为,老区挖潜必须跳出原有的思维定势,并创造性地提出了"跳出断裂带,走向斜坡区"的勘探思路。

1991年初,按照这一思路,在西北缘斜坡区玛湖构造带1号背斜部署了玛2井。

1993年5月,玛2井在二叠系乌尔禾组试油,用2.5mm油嘴求产,获日产油17.5t的工业油流,发现了玛北油田。1994年,上交三叠系百口泉组探明石油地质储量2087×10⁴t。同年,玛北油田向西钻探的战略侦察井玛6井获得突破,从而发现了玛6井区百口泉组油藏。

然而,在随后的试采过程中,玛6井产量下降,不再具备工业开采价值。同时,外甩部署的玛3、玛4、玛5、玛7、玛11共5口预探井以及玛101等评价井相继失利。玛2井区越向西越复杂,产量也越低。

一上斜坡区,以突破起步,以失利告终。

2. 2005—2013年,二上斜坡区,由局部扇体成藏转变为大面积扇体成藏模式,落实了百口泉组夏子街扇

一上斜坡区失利的原因,主要是地质认识存在四大误区。

一是前期勘探以构造油气藏为主,但斜坡区构造相对简单,正向构造不发育,仅发现了玛北油田、玛6井区等构造型油藏。

二是传统认为,三叠系百口泉组是冲积扇沉积,扇体应沿盆缘断裂带发育,凹陷区砂体欠发育,因此勘探工作止于盆地边缘。

三是百口泉组储层普遍低孔隙、低渗透、非均质、水敏性强,即使有油也难以采出。当时认为,砂砾岩储层有效埋深小于3500m,凹陷区则大部分埋深大于3500m,砂砾岩物性较断裂带更差。

四是当时认为,三叠系百口泉组储层与二叠系风城组主力烃源岩纵向距离2~3km,源储分离,油气运聚条件不利。

为此,重新认识玛北油田,跳出原有地质认识的禁区,认为下倾方向发育储层物性较好的扇三角洲前缘相带,是油气大规模聚集成藏的有利区。

2005年,中国石油新疆油田公司针对凹陷区砾岩勘探缺乏相应理论技术的问题,组织大规模攻关。

2007年,新疆油田公司勘探工作会议明确指出,历经60多年的勘探,准噶尔盆地"勘探程度极高的西北缘断裂带不是油气预探的久留之地,预探工作的主攻战场必须转移"。新的主攻战场,就是在其东南方向面积达2600km²的低勘探程度区——西北缘斜坡区。据此,准噶尔盆地油气勘探,再次从断裂带走向凹陷区。

2010年,在对玛湖凹陷斜坡区构造、岩性、油气运移三大关键成藏地质条件,在开展3年综合研究的基础上,勘探人员提出了创新性观点:寻找水下沉积体系中的灰绿色砂砾岩是确定是否含油的关键。水上沉积的砂砾岩是褐色和杂色的,水下沉积的砂砾岩则是灰绿色的,分选磨圆较好、孔隙度较大、泥质含量低、物性好的砂砾岩,是优质储层岩性(图3-45、图3-46)。

同时,三叠系百口泉组砂砾岩层位于不整合面之上,油源断裂与不整合面配置良好,百口泉组靠近二叠系三套烃源岩,上三叠统白碱滩组为区域盖层。生、储、盖组合良好。

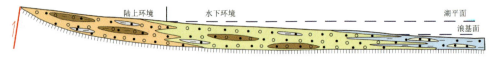

图3-45 玛湖凹陷百口泉组扇三角洲岩相剖面特征(据邹志文等,2015)

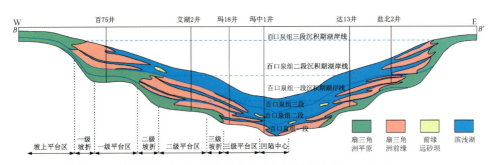

图 3-46　玛湖凹陷百口泉组退覆式扇三角洲沉积模式(据支东明等，2018)

为此，优选夏子街扇群—玛湖中央构造带的岩性-地层目标为突破方向；将夏9井区—玛北油田之间的低勘探程度区不整合面之上的三叠系百口泉组，作为再上斜坡区的突破口。该区上倾方向玛北斜坡百口泉组埋藏浅，可能发育灰绿色岩相，且位于玛北油田与夏9井油藏之间，处于油气运移优势指向区。

2010年10月，在埋藏浅、构造岩相匹配部位，针对断层-岩性目标钻探了玛13井，钻遇厚油层，但由于压裂工艺不过关，未获得工业油流。

2011年8月，针对玛13井下倾方向有利相带部署的专层评价井玛131井，在钻探过程中油气显示良好，证实了扇三角洲前缘亚相为有利相带。

2012年3月，玛131井采用二级加砂压裂工艺，在百口泉组二段首获工业油流，原油日产量稳定在 $8 \sim 11 m^3$。玛湖凹陷斜坡区百口泉组勘探获得重大突破，拉开了马湖凹陷斜坡区油气勘探的序幕。

由此认识到，玛北斜坡区百口泉组存在发育大面积岩性油气藏群的地质条件。在此背景下，提出了大面积成藏新模式，勘探思路再次发生了重大转变，由局部岩性圈闭成藏转变为大面积成藏模式。

(1)玛北斜坡三面遮挡。夏子街物源体系北侧以断裂遮挡，东侧以致密砾岩带遮挡，西侧以泥岩分割带遮挡(图3-47)。

(2)百口泉组扇三角洲前缘砂体分布稳定，顶底板条件良好，湖相泥岩作为顶板，褐色致密砂砾岩为底板。

(3)构造平缓，储层低渗透，底水不活跃。

在上述认识的基础上，优选玛北油田至乌夏断裂带之间的13口老井，开展大面积老井复查工作，同时部署新井4口，玛湖凹陷北斜坡岩性油藏勘探全面展开。

2012年5月，老井试油的夏7202、风南4、夏72、夏89井，均获工业油流，表明扇三角洲前缘相带普遍含油。

2012年4月，新部署的玛132-H、玛133、夏89井均获稳产工业油流。位于向斜部位的夏90井也获油流，证实了斜坡区油气成藏不受构造控制。

2012年5月，风险探井玛湖1井开钻。2013年4月，玛湖1井三叠系百口泉组射孔，未压裂获日产油 $48.33 m^3$。

2012年，中国石油中油股份有限公司批准在玛湖斜坡区上钻8口井。

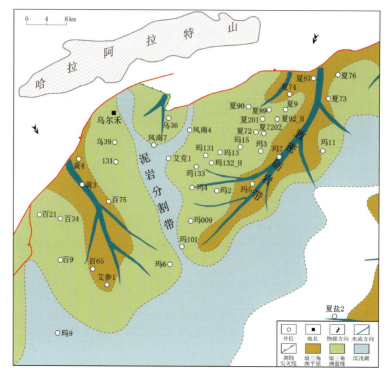

图 3-47 玛北斜坡区三叠系百口泉组成藏条件平面图(据匡立春等,2014)

2012 年 8 月,依据大面积含油模式,突破单个岩性圈闭的部署方案,按照"直井控面、水平井提产"的部署原则,在玛 131 至夏 72 井区之间整体部署钻探 8 口井,均见良好油气显示。

2012 年 10 月,玛 131 井区三叠系百口泉组上交预测石油地质储量 $7567×10^4$ t。

2013 年 4 月,在"空白区"部署的玛 15 井,采用二级加砂压裂工艺获高产工业油流,成为玛北斜坡区当时最高产的直井。玛 131 井至夏 72 井区形成含油连片,进一步证实了玛北斜坡"大面积含油成藏"模式的正确性。

2013 年 10 月,经过开发评价,玛北斜坡区夏子街扇上交三叠系百口泉组控制石油地质储量 $9655×10^4$ t(图 3-48)。

3. 2012—2017 年,三上斜坡区,以大面积含油成藏模式为指导,拓展落实大油区

2011 年提出斜坡区大面积成藏理论以来,勘探工作一直局限于夏子街扇一个扇体。自 2012 年开始,拓展钻探相邻扇体,连片含油场面逐步落实。

1)克拉玛依扇

2013 年 4 月,玛湖凹陷南斜坡区,针对大侏罗沟断裂二台阶之下的克拉玛依扇钻探风险探井玛湖 1 井,百口泉组未压裂,日产原油 $38.6 \sim 58.6 m^3$,日产气 $2050.0 m^3$,是斜坡区第一口高产直井。勘探、评价一体化,玛湖 1 井区钻探 4 口井,5 层获工业油流。

2018 年 4 月 21 日,继在二叠系下乌尔禾组获工业油流后,玛湖 1 井区的玛湖 018 井又在二叠系上乌尔禾组获得工业油流,压裂后 2.5mm 油嘴,折算日产油 $11.78 m^3$。

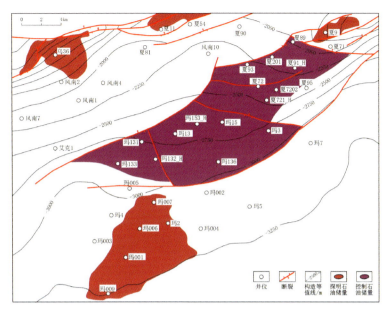

图 3-48 玛北斜坡区夏子街扇三叠系百口泉组二段含油面积图(据匡立春等,2014)

2)黄羊泉扇

玛西斜坡区黄羊泉扇自 1957 年百口泉油田发现以来,陆续发现百 21、百 31 井区三叠系百口泉组油藏,但后续钻探的黄 1、百 75 井等探井相继失利,从而认为黄羊泉地区成藏条件不利。时隔 50 余年之后,该地区仍是西北缘断裂带油气富集带的空白带。

2012 年 10 月,针对黄羊泉扇北翼岩性目标群,部署了风险探井玛西 1 井,由于兼顾二叠系下乌尔禾组,位于坡折带之下的原井点移至上斜坡,虽然未钻遇有利相带,但是进一步证实了扇三角洲前缘亚相为有利相带。

2013 年 10 月 18 日,在黄羊泉扇南翼扇三角洲前缘相带部署的玛 18 井(原井名为玛西 2 井),百口泉组压裂最高日产油 $58.3 m^3$,从而发现了黄羊泉扇。

玛 18 井突破之后,为快速整体落实规模高效储量,整体部署 14 口井。2014 年 10 月,玛 18 井区未经预测直接上交控制储量 $8477×10^4 t$,含油面积 $99.8 km^2$。2015 年 12 月,上交探明储量 $5947×10^4 t$,含油面积 $82.0 km^2$。

2014 年 4 月,按照"主攻坡下高压区、突破百一段"的思路部署钻探的艾湖 1 井,获高压高产油流,从而发现了玛 18 井区—艾湖 1 井区高效优质储量区。2016 年,艾湖 2 井区获工业油流 5 井 5 层,上交控制储量 $3128×10^4 t$,含油面积 $82.6 km^2$(图 3-49)。

夏子街扇、克拉玛依扇、黄羊泉扇,在克拉玛依—乌尔禾断裂带百里大油区之外,形成了玛湖凹陷西斜坡新的百里油区。

3)夏盐扇、盐北扇

2012 年,优选二叠系乌尔禾组地层超削带和玛东 2 鼻凸部署盐北 1 风险探井,探索大型地层型勘探领域。

2013 年,盐北 1 井在乌尔禾组、百口泉组见良好油气显示,但储集层物性较差,试油为油水同层,压裂后日产油 5.2t。

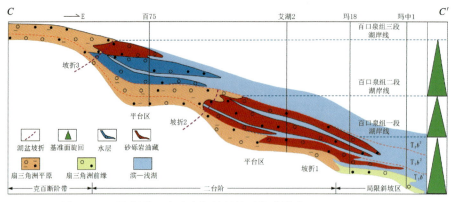

图 3-49 玛湖斜坡二台阶多级坡折控砂控藏模式（据赵文智等，2019）

2016年，玛东斜坡经过5年持续探索，以扇控大面积成藏理论为指导，达13井首获重大突破，百口泉组抽汲日产油 $3.5\sim7.0m^3$；压裂后2mm油嘴，稳定日产油15.1t，日产气 $3070m^3$，最高日产油 $40.6m^3$。同时期，盐北4井又获工业油流，落实三级储量 1.4×10^8t。玛湖凹陷东斜坡又一个百里新油区初步展现。

4）玛中平台区

依据满凹含油整体构想，利用二维和三维地震资料对玛湖凹陷中部进行整体解剖，发现其为一宽缓平台区，是四大扇体卸载区，物源充足，发育规模砂体，是寻找类玛18井区高效规模储量区的现实领域。为此部署玛中2井和玛中4井。

2017年，玛中平台区的玛中2井，在乌尔禾组试获工业油流，首次突破下乌尔禾组。玛中2、玛中4井三叠系百口泉组均试获工业油流。玛中平台区全面突破。

玛中平台区的突破，实现了东、西百里新油区的成藏连片，展现玛湖凹陷"满凹含油"新局面，创造了砾岩面积厚度之大、三叠纪油藏、储量规模、二叠纪盐湖烃源岩4个国内外之首（图 3-50）。

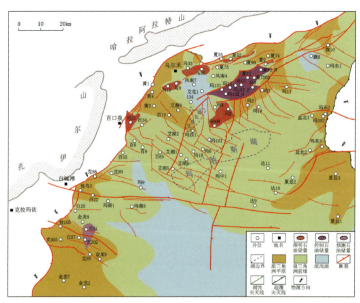

图 3-50 玛湖凹陷三叠系百口泉组勘探成果图（据匡立春等，2014）

与此同时，也认识到，南部上乌尔禾组具备大油区形成的宏观地质条件。

自2012年起，在扇控大面积成藏认识指导下，围绕玛湖凹陷北部五大扇体前缘相带，发现6个油藏群，在凹陷区形成两个百里新油区。

总体来看，玛湖凹陷风城组发育优质碱湖烃源岩；上乌尔禾组和百口泉组沉积期为大型斜坡背景，有利于在两大不整合面之上叠置连片发育砂砾岩储集体；高陡断裂有效连通了烃源岩与储集体等，成为玛湖凹陷大油区形成的有利地质条件。

从单井突破，到大面积成藏，再到发现大油区，玛湖凹陷区 10×10^8 t 级大油区，截至2017年底，已发现三级石油地质储量 12.4×10^8 t，其中探明储量 5.2×10^8 t。

在"扇控大面积含油成藏"理论指导下，新疆油田在相邻扇体找油，相继发现了黄羊泉扇、克拉玛依扇、夏盐扇、盐北扇、玛中平台区，发现了下乌尔河组新的含油层系，10×10^8 t 大油区基本落实。

第四章　突破之后为何陷入低谷

第一节　简单类比，重复部署

新区资料少，采用其他地区成功的成藏模式，类比指导本地区的目标优选与钻探，最容易坚定信心，因为眼前的目标更容易符合人们的主观愿望，且操作简单，是新区勘探常用的方法。但以类比推论代替本地区的细节研究，重视了形似而忽略了本质上的差异。换言之，模式可以开阔思路，但不能代替具体目标的研究。

一方面，类比要有相同的尺度，不能以成功的油气藏尺度类比一个新的区带。另一方面，本地区突破之后，对本地区已突破的油藏有了初步的认识，应当用本地区的成藏地质条件，指导下一步的目标优选，而不能再简单地类比推论。如果本地区的生、储、盖、运、圈、保等成藏条件，都能够很好地匹配已成功的成藏模式，则获得成功的概率就高。如果本地区的成藏条件，只有几项或一二项符合已成功的成藏模式，则勘探风险就大。

案例一：渤海海域早期构造勘探

同样在渤海海域，勘探突破后，简单类比法推论相邻构造，导致了新一轮勘探的失误。例如，渤中 28-1 构造得手后，推论相邻的渤中 27-4、渤中 29-1 构造含油条件与其类同，结果钻探失利。再如，锦州 20-2 构造得手后，推论相邻的锦州 25-1 构造含油条件与其类同，钻探也失利（王向辉等，2000）。

失利原因，在于多以区域性的普遍概念，取代局部地区的地质特点而指导勘探，没有具体问题具体分析。即便构造相邻、位置有利、形态相似，也远远不够，仍然需要针对生、储、盖、运、圈、保逐项研究、具体分析。

1984 年，锦州 20-2-1 井在沙河街组一、二段溶孔白云岩发现了高产凝析油气流。相邻的锦州 25-1 构造评价级别大为提高（图 4-1）。

两个构造之间以一条北东向大断层相隔，东西双临生烃凹陷，地震上的储、盖组合良好。锦州 25-1-1 井钻探结果显示沙河街组一、二段溶孔白云岩在本井相变为泥岩，锦州 20-2 构造的东营组厚层泥岩盖层在此相变为砂泥岩互层。钻后还认为，锦州 25-1 构造早期不发育，大约在古近纪末抬升。两个构造的油气储集、保存条件都不一样。

优选目标是展开钻探的关键。优选目标时，往往会运用成功概率打分法、沉积模式类比、相邻有利构造类比等。任何方法都能给出有益的启示，但任何方法都是第二位的，都不能取代本地区地质条件的研究。

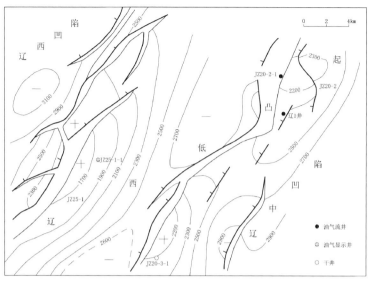

图 4-1　锦州 20-2、锦州 25-1 构造位置图(据王向辉等,2000)

案例二:塔里木盆地东河砂岩追踪

1991—1992 年,受东河 1 井发现东河塘海相砂岩油田的启发,为了加快追索东河砂岩高产油层,在塔北隆起实施了一场以东河砂岩段为目的层的区域勘探仗。西至塔北隆起英买力低凸起英买 2 号背斜,向东到哈拉哈塘凹陷,往南到轮南低凸起围斜部位、草湖凹陷周边,先后部署了 25 口探井。

由于缺乏东河塘油田的大型背斜构造,钻探目标多数为剥蚀不整合地层圈闭。在盖层条件不利的情况下,仅在东河 1 井背斜油藏附近发现了东河 4、东河 6、东河 14 共 3 个小型背斜含油构造,在吉拉克背斜北翼发现了轮南 59 中型地层超覆气藏,其余 21 口探井全部失利。

同样,1992 年塔中 4 油田发现后,塔中地区也展开了东河砂岩的勘探。与塔北地区情况相似,塔中的石炭系同样缺少大型高幅度构造。

没有新思路、没有新的目标类型,尽管塔中石炭系的勘探一直在持续,但再无重大发现。直到 1996 年,4 年期间打了 15 个低幅度构造、5 个地层超覆和剥蚀不整合圈闭、2 个火成岩刺穿圈闭,除了发现塔中 10、塔中 16、塔中 24 共 3 个小油藏以及塔中 6 至塔中 103 地层超覆气藏外,其余都没有成功。失利的原因包括:沙漠地震信噪比低,三维识别低幅度构造高点仍然不易找准;东河砂岩尖灭线、剥蚀线位置难以找准;东河砂岩边缘相带物性变差;有的背斜形成时间晚于油气运移期。这些难题在当时都难以解决,这种情况下,对低幅度构造重复勘探,导致了重复失败。

1997 年,在没有更好目标的情况下,仍然重复钻探了一批东河砂岩低幅度构造,结果仍然是继续重复失利(梁狄刚,1999;周新源等,2007)。

第二节 难题尚在，盲目钻探

案例一：磨溪嘉陵江组二段气田

1979年6月30日，对磨深1井嘉陵江组二段试油测试，获得天然气$2.74\times10^4\,\mathrm{m^3/d}$、水$3\sim4\,\mathrm{m^3/d}$的工业气流，由此发现了磨溪构造嘉陵江组二段气藏。但磨深2井于1980年对嘉陵江组二段试油测试，获得天然气$1380\,\mathrm{m^3/d}$，水$15\sim22.14\,\mathrm{m^3/d}$。

由于2口井同处于圈闭高部位，而气、水产量差异悬殊，加之当时对嘉陵江组二段圈闭类型、储层类型、气藏富集规律认识不清，因此，在1985年之前未在磨溪构造部署针对嘉陵江组二段的探井。

1988年，对整个川中—川南过渡带进行地震连片详查，基本查明了中、下三叠统地腹构造形态。在前期问题仍然没有全部得到解决的情况下，仅针对构造形态，以磨溪构造为中心，分别在周边构造部署了16口嘉陵江组二段专探井，只有4口获得工业气流，且低产、普遍含水（图4-2）。勘探工作被动停止。

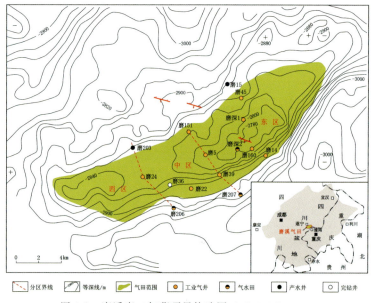

图4-2 磨溪嘉二气藏顶界构造图（据徐春春等，2006）

后来，抓住磨溪嘉二气藏磨深1井连续产气20年，产量年递减仅为3.08%的现象，2001年，对磨22井嘉陵江组二段重新进行胶凝酸酸化增产改造，日产气量由$1.03\times10^4\,\mathrm{m^3}$上升至$3.62\times10^4\,\mathrm{m^3}$，证明嘉二气藏早期钻探井采用常规射孔、常规解堵酸化获得的产量不能反映嘉陵江组二段储层的真实产能。新部署的3口井，都获得高产气量，2004年宣告嘉二气藏勘探取得正式突破。

后期的钻探表明，磨溪嘉陵江组二段气田气井产能与构造高低有一定相关性，但气井产能并不完全受控于构造，而是受构造、岩性的双重控制（图4-3）。

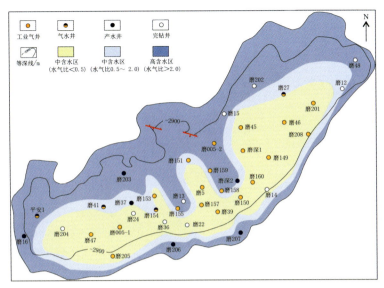

图 4-3　磨溪气田嘉二气藏气水分布图（据徐春春等，2006）

磨溪气田突破之后，第一次停止勘探，是由于认识不清而主动停止，避免了浪费；第二次停止，则是"认为"构造清楚、不深入研究储层变化的情况下造成失利导致的被动停止，造成了浪费。而从"嘉二气藏是平缓构造带上单纯的岩性圈闭或水动力圈闭气藏""难以寻找嘉二油气藏富集规律""嘉二层位不宜作为独立的勘探目标"等不完整认识，逐步转变到认为"磨溪构造嘉二为层状孔隙型储层，具备形成一定规模的大、中型气藏的地质条件"，从而开展第二次勘探评价，最终实现了继续突破。

案例二：东风港油田

济阳坳陷车西洼陷南斜坡中部断阶带东风港油田沙河街组二、三段构造-岩性油藏的勘探发现过程，是油藏类型长期不清楚、随意性部署的勘探实例。具体表现在：①不加强沉积相研究，忽略岩性控藏作用，长期没认识到沙河街组是构造-岩性油藏；②仅凭构造图，一阵打断鼻找断块，一阵探潜山占高点，主攻目标不明确；③不重视已发现的沙河街组二段低产见水油层，没有及时深化地质认识；④缺乏区域地质规律的全面研究与指导，没有建立起整体部署、重点解剖、局部突破的勘探指导思想。

车西洼陷是北东向延伸、北断南超的箕状断陷，东西长约 46km，南北宽 16～18km，勘探面积约为 1100km²。

车西洼陷总体构造简单，南部在北倾大缓坡背景下，无棣凸起、义和庄凸起向西北部洼陷方向延伸；北部在南倾陡坡背景下，埕子口凸起往南延伸；西部庆云凸起往东延伸，形成了套尔河、车5、车3、庆云共4个较大的鼻状构造。整个洼陷自北往南可分为车西断裂陡坡带、车西洼陷带、曹庄-套尔河断阶带、南部斜坡带等构造单元（图4-4）。

东风港油田主力含油层系沙河街组二、三段发育南部物源的扇三角洲砂岩储层，受车西洼陷南部斜坡上近北东东走向断裂带的切割与遮挡，形成了以顺向断阶为主的构造-岩性油气藏（图4-5、图4-6）。

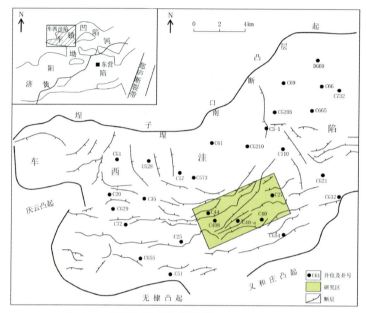

图 4-4　车西洼陷构造位置图（据栗宝鹃等，2016）

图 4-5　车西洼陷南部缓坡带沙河街组三段上部 4 砂组 4 小层沉积微相图（据栗宝鹃等，2016）

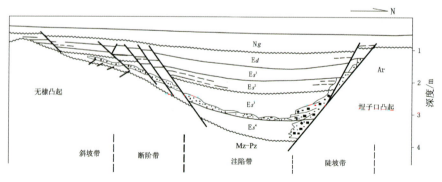

图 4-6　车西洼陷南北构造剖面图（据宋传春等，1997）

车西洼陷1968年开始勘探,1991年发现主力油田——东风港油田,直到1997年才探明东风港油田,期间经历了近30年"六上五下"的勘探历程(宋传春等,1997)。

1. 1968—1973年,一上车西探断鼻,获工业油流,未重视

1968年,初上车西,以沙河街组小型断鼻为主,整体部署、分年度实施了一批探井。其中,车1和车5断鼻的车1、车5井,沙河街组二段见油层,试油为低产油流,含水较高,未引起重视。曹庄-套尔河断阶带滚动背斜的车8井,沙河街组二段顶部获3.5t/d低产工业油流,沙河街组二段下部井壁取心见油斑,但电测解释为水层(后重新解释为油层14.5m)。其他探井均无油气显示。尽管车1、车5、车8井沙河街组二段获工业油流,且均为后来的富集区块,但当时认识不足、成藏类型不清、重视不够,错失了良机。

2. 1974年,二上车西探边坡,未获发现,勘探暂停

1972年10月,义和庄凸起沾11井在奥陶系潜山获千吨高产油流。在此带动下,1974年会战车镇,在车西边坡的潜山、断鼻钻探了9口井,由于盆缘地层变化快、层位不落实,钻探未获发现。会战暂告一段落。

3. 1978年,三上车西打潜山,效果不佳,测录井漏掉油气层

义和庄潜山会战后期,在车西潜山带高部位钻探了5口井,见山头就打,效果不理想。其中,车古1井因为油质轻,录井无显示,电测未解释,没有在第一时间引起重视;第二年试油,却获得了较好的工业油流。

4. 1980—1987年,四上车西探潜山兼岩性,发现套尔河油田,区带效果差而暂停

1979年11月,车古1井奥陶系潜山试油获油18.85t/d、气16.10m^3/d工业油气流。1980年,车西潜山带被原石油工业部列为重点探区之一,两年部署了29口井,其中,潜山探井25口,共有5口潜山探井获中高产工业油气流,从而发现了套尔河油田。期间,4口井探索沙河街组二、三段断鼻,洼陷带砂砾岩体,效果不理想。潜山油藏规模不大,山头解释不准,外甩井大多落空,勘探暂告一段落。

5. 1988—1989年,五上车西探砂砾岩扇体,未见油层,效果差

1988年,车西勘探重点转向西部,以沙河街组三段砂砾岩体为目标,钻探了7口井,均未见油层,收效甚微。

6. 1990—1997年,六上车西打剖面,追踪油气运移方向+探索岩性圈闭,获突破

1990年初,车西地区设置局管重点勘探项目,改变思路,聚焦沙河街组二段,兼探沙河街组三段。

首先,在已有发现井的基础上,整体解剖靠近油源的曹庄-套尔河断阶带车1~车17断阶,从东西两端逐步向中部滚动推进,以车1井为中心,部署5口探井,形成了向南、向东整体部署、连片勘探的态势。几口井均见油层,断阶带含油连片初见端倪。1991年发现东风港油田,新增控制储量1272×10⁴t。

然后,兼探车1~车5断鼻带,探索沙河街组二段岩性边界控藏的可能性。同时,基于盆缘潜山钻探成果,认为"洼中生油,潜山储油,说明油气曾途经南坡",沿着油气运移方向往南部高部位追踪钻探,3口均见油层,其中1口获工业油流。

1993年,重点探明东风港油田沙河街组二段含油范围,勘探类型为断层下降盘的逆牵引断鼻,但实钻表明,砂体呈叠瓦状连片分布,尽管含油叠合连片,但构造位置的高低并不起决定性作用。基于这一认识,开始钻探没有构造圈闭的目标——车44井,获得自喷。

1995年,立足曹庄-套尔河断阶带,探索沙河街组三段,开辟新层系,钻探4口井均见油层,2口获高产工业油流,显示了沙河街组三段油层自断阶带向洼陷方向油层变厚、产量升高的趋势。1996年继续钻探4口井,既未见到含油边界,也未见到底水。东风港中型油田基本成型。

案例三:南方海相复杂区

南方海相复杂构造区的油气藏,经历了加里东、印支、燕山期的多期形成、聚集、破坏、保存演变过程,成藏后期的构造活动改造强度大,现今含油气系统复杂。由于盖层封闭性、断层封堵性、地层水系统开启性等保存条件及油气成藏演化规律研究认识不到位,经历了较长期的勘探历程,仍然没有取得重大突破。为此,目前仍以区域综合研究、重点目标预探为主,在有利区成藏关键要素清楚之前,未再展开勘探。

总体来看,南方海相复杂构造区有以下5方面的成藏特点(戴少武等,2001;梁兴等,2001;郭彤楼等,2003)。

1. 盆缘背斜、褶皱带高断块,残留古油气藏,后期改造强烈,不利于油气保存

川东高陡褶皱构造带往东至中扬子地区,构造活动不断增强,齐岳山背斜带抬升剥蚀已经明显增强;湘鄂西地区断层普遍穿越地表,鄂参1井、洗1井钻探的大构造长期抬升剥蚀,油气更难保存(图4-7、图4-8)。

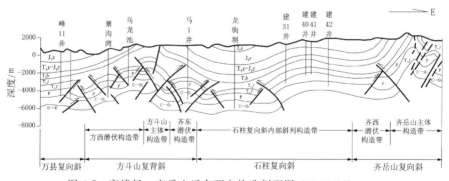

图4-7 高峰场—齐岳山近东西向构造剖面图(据郭彤楼等,2003)

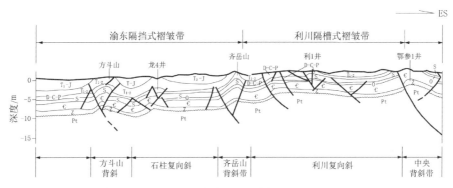

图 4-8　湘鄂西区块近南东向构造剖面(据郭彤楼等,2003)

2. 长期继承性活动的深大断裂带、"通天"断裂带,不利于油气保存

南盘江盆地深大断裂带上升盘遭受剥蚀严重,钻探的兴参井中已证实不利于油气保存。下扬子海相小海地区的花舍构造、大桥构造,断裂断穿大部分新近系地层,上升盘缺失上白垩统、古近系,对原生、次生海相油气藏的破坏都十分强烈。十万大山盆地北缘的宁明、上思附近,分水岭地形较高,断层交错,岩石破碎,是大气水的下渗区,同时也是地表水沿断裂向深部循环加热形成的温泉区,不利于油气保存。

3. 上覆地层高强度剥蚀区,不利于油气保存

南盘江盆地在燕山期成藏,但随即遭受了燕山运动的破坏,广西大厂、贵州板街、安然、望漠等地区古油藏出露地表遭到破坏。下扬子海相在志留纪—侏罗纪成藏,晚侏罗世—早白垩世强烈抬升,二叠系、石炭系—志留系普遍出露地表,盖层、储层甚至油藏都被剥蚀掉。

4. 负向构造区与构造稳定区,有利于油气保存

中扬子海相区的石柱、桑植—石门、花果坪等复向斜中的潜伏构造保存相对有利。例如,在石柱复向斜中发育了建南宽缓背斜气田。南盘江盆地秧坝凹陷内部的剥蚀作用较弱,中三叠统地层厚度1000～3000m,对下伏天然气保存较有利。下扬子海相区目前的断凹内部,晚白垩世—古新世沉积厚度大,有利于古生界烃源岩的二次生烃。

5. 地层水矿化度高值区,有利于油气保存

建南气田侏罗系—白垩系覆盖下的二叠系—三叠系,江汉盆地腹部当阳复向斜的当深3井,万城断裂带附近的万1井,沉湖地区的夏3井等,保存条件较好,地层水多为$CaCl_2$、$MgCl_2$型,总矿化度较高。

南盘江盆地坝林构造上的盘参井,贵州黄平—凯里地区的虎23、虎37井等,十万大山盆地的万参1井和明1井,江汉盆地边缘的震旦系—三叠系,苏南句容地区中—新生界区域盖层之下的三叠系等,保存条件较差,地层水多为$NaHCO_3$、Na_2SO_4型,总矿化度较低。

因此,南方地区海相层系复杂的石油生成、裂解生气、油气运移过程,以及晚期强烈的构造改造作用,导致现今油气藏的位置已与原型盆地没有太直接的关系,勘探部署也不太适合采用原型盆地或弱改造盆地的"定凹选带"等思路。石油与天然气的初次生烃、二次生烃、早期运聚、破坏逸散、晚期聚集、有效保存,成为天然气成藏与分布规律研究的关键。海相层系的勘探部署思路,应是以研究有利保存区为方向,主要寻找区域盖层之下的源内、近源以及有利输导路径之上的规模储集体。

第五章　勘探工程技术的重要保障作用

地震、钻井、测井、录井、测试与改造等技术,是观察地下地质现象、了解含油气性、深化修正地质认识的必要手段,更是获得油气勘探突破发现的技术保障。油气勘探是一项系统工程,哪一个技术环节不过关都会影响油气的发现,影响对成藏地质条件的正确认识。在满足技术适用性的基础上,再追求工程技术的"高、精、尖",就能推动油气勘探快速发展。如果技术针对性、适用性不强,应用不到位,反而可能阻碍油气勘探的突破与发现,错失突破良机。

第一节　油气发现,地震先行

地震勘探的目的是为了不断发现新的领域和目标。

库车前陆山前冲断带盐下天然气勘探是攻克地震难关,实现战略突破的典型案例。勘探初期,库车地区失利探井中有 2/3 属于构造"打跑"、构造"打偏"、构造"打无"的情况,是因地震资料不清而导致的失利。究其原因,山地、砾岩、厚层膏盐等复杂条件,造成施工难度大,激发接收条件差,导致原始资料信噪比低;表层结构复杂,导致静校正问题突出;地震波场复杂,叠加偏移成像难,从而造成了盐下深层逆冲构造落实难度大,构造形态、顶面埋深的描述精度在很长时间都难以得到有效提高。

1998 年,克拉 2 井在白垩系获得天然气突破之后,选择与克拉 2 同一排构造带的 4 个同类型圈闭进行钻探,无一成功。依南 2 井在侏罗系取得突破后,在同一构造上钻探的 2 口井,以及甩开钻探的 4 个构造,均失利。为此,明确了制约库车盐下天然气勘探的关键是构造圈闭落实,制约圈闭落实的关键是山地地震勘探技术。

2006 年以来,开展地震采集、处理、解释一体化平行攻关,取得了 3 项关键技术的突破:一是开展宽线+大组合二维地震采集攻关,覆盖次数由 112 次提高到 240 次,提高了信噪比,压制了侧面波、散射波等干扰;二是开展偏移技术攻关,提高了成像精度;三是开展双滑脱多级冲断构造建模攻关,揭示了分段分层的构造特征,发现并落实有利圈闭,部署两口风险探井克深 2 井和克深 5 井均获重大突破。

从 2008 年在克拉苏构造带的克深区块部署三维地震以来,经历了 2008—2010 年的三维叠后时间偏移处理,2010—2013 年的各向同性叠前深度偏移处理,2013—2016 年的 TTI 各向异性叠前深度偏移处理,逐渐形成了前陆区三维地震叠前深度偏移处理解释配套技术,在 4360 km^2 连片三维地震中发现气藏 22 个,累计新增探明天然气地质储量超过万亿立方米,钻探成功率由埋深 4000m 的 29% 提高到 6000～8000m 的 70%(杜金虎等,2013;王招明等,

2013;杨海军等,2019;田军等,2021)。

针对鄂尔多斯盆地黄土源地表条件与河道型厚砂岩薄储集层等特征,发展了沟中弯线和黄土山地多线高精度 2km×2km 或 4km×4km 二维地震一体化采集、处理与解释技术,建立了包括基于地震道模式识别预测薄互层储集层技术、基于层序格架约束的储层反演技术、基于广义 S 变换的频谱分解技术、以多属性透视和相干体为核心的全三维可视化解释技术、基于叠前地震属性的储层预测技术、叠前弹性参数反演和吸收衰减流体预测技术等,二维地震资料分辨率大为提高,岩性油气藏预测符合率达到 85%(贾承造等,2008)。

针对火山岩储集层,发展了基于高精度重、磁、电、震一体化的综合物探技术,包括高分辨率重磁延拓回返垂直导数目标处理、重磁视深度滤波等弱信号增强处理、电磁 RTM 反演技术等;建立了适合于火山岩地质目标的地震勘探技术,包括超千道、中小面元、宽方位角接收、垂直叠加提高激发能量等地震采集技术,以波动方程为主的高分辨率叠前深度偏移处理、地表一致性振幅补偿、保持动力学特征的压噪等地震处理技术;研发了火山岩岩性、岩相及储集层精细描述和预测技术,包括重、磁、电、震联合反演、三维地震剖面岩性解释、地层切片等技术。例如,松辽盆地深层火山岩预测精度达到 80%,火山岩储集层厚度预测符合率达到 89%(贾承造等,2008)。

1998 年发现的千米桥潜山油气田,直接得益于地震技术的进步。由于深度大、构造复杂,大港探区奥陶系基本不成像。为此,大港油田引入了叠前深度偏移处理、深层能量补偿、反 Q 滤波、组合反褶积、复合波分离等技术,很好地解决了古生界内幕潜山顶面形态不可靠的难题,奠定了突破的基础(吴永平等,2007)。

普光气田的发现,除了敢于突破地质认识禁区外,很重要的是得益于高精度地震勘探技术及地震储层预测技术的发展。山地地震采集技术效果明显,宣汉高精度二维、三维地震资料主频达到 60~80Hz。通过合成记录精细层位标定,结合波阻抗、地震相分析、储层地质建模等,能较准确地预测 10m 以上储层厚度及有利鲕滩储层分布区,探井成功率达到 90% 以上(马永生等,2005;马永生,2006)。

富满油田勘探过程中,针对奥陶系走滑断裂埋深大、横向宽度小、走滑位移小、缝洞体结构复杂等难题,采用高密度三维地震技术,实现炮道密度百万道以上、覆盖次数 500 次以上、纵横比 0.7 以上,集成"一宽二保三高"为核心的全过程处理技术,信噪比及分辨率大幅度提高。研发"多重滤波+振幅变化率"技术,集成应用相干加强、曲率、振幅变化率、AFE、蚂蚁体、最大似然性等技术,形成多尺度弱走滑断裂识别技术体系,实现了对微小断裂带的精细刻画。攻关形成了地震相与沉积相"双相控"叠后地质统计学波阻抗反演技术,解决了常规波阻抗反演预测储层成层性好、不适用于断控储层样式的难题,消除了一间房组上覆地层伴生相位的干扰,储层钻遇率提高到 95% 以上(王清华等,2021)。

英西油田勘探过程中,由于地下构造复杂、构造形态及断层展布不落实,在 1984 年狮 20 井实现突破之后,连续部署钻探,成功少、失利多。20 世纪 90 年代末期,为了攻克深部构造和裂缝油藏展布这 2 个难题,新部署二维地震,采用高覆盖、小道距、大组合、大炸药量、较高覆盖次数进行采集,运用中深井组合激发、横向大组合接收、模型静校正技术,资料信噪比有了一定提高,首次证实深层为一大型背斜构造,但构造主体成像仍较差,圈闭难以落实。构造细节、断裂展布与裂缝分布等关键核心问题仍未得到解决。2005年,采用宽线方法再次部署二维地震,构造格局与局部轮廓得到进一步落实,但对泥灰岩规模裂缝带的识别描述仍不过关,钻探多口井试油效果不理想。2013年,在英西地区实施三维地震,建立了深层盐岩之下叠瓦逆冲的构造样式,落实了构造细节和断裂展布,预测了深层碳酸盐岩缝孔型储集层分布。2014年,针对基质孔隙为主的连续型油藏在构造主体部署狮41井、为寻找断裂控制的缝洞型高产油藏部署狮42井,均大获成功。英西油田的发现,证实其为国内外罕见的咸化湖相碳酸盐岩多重介质储集层类型的高压、高产构造岩性油气藏,在英西至英中气藏累计提交三级油气地质储量1.60×10^8 t(魏学斌等,2021)。

第二节 钻头不到,原油不冒

钻井技术的创新,实现了复杂条件下打成井、打快井、打好井的工程目的,使深层的复杂目标成为可实现的突破领域。

在克拉苏构造带深层盐下勘探过程中,针对巨厚砾石层、复合膏盐岩层、埋深超过7000m、地层温度超过150℃、地层压力超过110MPa等钻井难题,攻关形成了库车山前复合盐层超深井钻探技术。一是建立了超深井井身结构设计理论,提出超深井井身结构设计方法,自主研发了适合库车前陆冲断带的超深井井身结构,并实现了钻机、钻具、套管配套,解决了超深井长裸眼段高低压共存、压力窗口窄等难题。二是综合垂直钻井技术和聚晶金刚石复合片PDC钻头高效钻进技术,通过强化钻井参数,形成了PDC钻头+垂直钻井为核心的复杂砾石层钻井提速技术,解决了制约克拉苏构造带浅层地层高陡难钻、井轨迹易打斜的问题,实现了钻井提速重大突破。三是成功研制了强化井壁围岩稳定的"三高"钻井液技术,研制了强化井壁围岩稳定的"三高"钻井液体系,克服了传统磺化或聚磺钻井液体系在高温、高密度、高盐耦合条件下抑制性不足,控制井壁变形能力差的难题。通过3年的规模化推广应用,克拉苏构造带平均钻井周期由527天缩短到276天(杨海军等,2019)。

元坝气田在勘探过程中,钻井工程面临着"四高一超"(高温、高压、高含硫、高产、超深)的施工难题。通过攻关首创的特种井身结构并发展非常规井身结构,有效地解决了多压力系统和复杂地层封隔的瓶颈问题;集成创新了超深井大井眼气体钻、高温高压大位移等配套钻井技术,直井平均井深7024m,定向井水平位移1000m;制出密度为$1.8g/cm^3$的抗硫加重酸液体系,大幅提高了单井产能(郭旭升等,2014)。

龙岗地区气田勘探过程中,发展了深层碳酸盐岩储集层优快钻井、气体钻井等技术,包括大尺寸井眼试验空气钻井、气体钻井后钻井液转换技术及空气锤技术等,2007年气体钻井平均机械钻速达到12.3m/h,比2006年的8.6m/h提高了约43%,大概是钻井液钻井速度2.3m/h的5.3倍(贾承造等,2008)。

千米桥潜山前期的钻探过程中,为防止井涌井喷、钻井液大量漏失等情况的发生,多采用偏重的泥浆,造成钻进过程中油气层的污染比较严重。板深7井钻入奥陶系发生井涌后,没有采取压井措施,而是实施欠平衡钻进工艺,边喷边钻,有效保护了油气层,获得了自喷高产工业油气流(吴永平等,2007)。

富满油田勘探过程中,创新了精准储集体标定与水平井轨迹设计调整技术、超深层水平井与大斜度井随钻精准地质导向技术,形成了适用的超深层碳酸盐岩水平井分段酸化压裂技术与配套工艺,高效井比例从28%提升至65%(王清华等,2021)。

大位移水平井钻探技术,不仅大幅度增加了单井产能,而且有效降低了生产成本,已成为当前低渗致密油气层与页岩油气层勘探开发的常规技术(图5-1)。

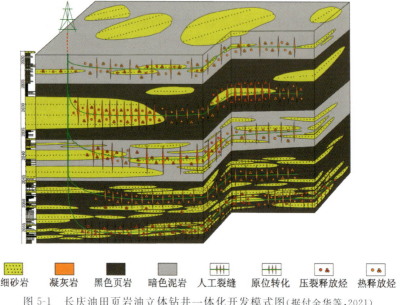

图5-1　长庆油田页岩油立体钻井一体化开发模式图(据付金华等,2021)

第三节　测井录井,识别油层

测井与录井技术的进步为识别复杂油气层提供了有效的技术手段。

大面积岩性-地层油气藏的油层识别与评价,利用密度-中子视孔隙度交会、综合反演等方法,能有效识别具有高自然伽马值的砂岩;核磁共振能定量评价储集层孔隙结构和可动流体,有效区分储集层和非储集层;视自然电位差、电阻率侵入因子等方法识别低电阻率油层等测井技术,测井解释符合率平均达80%。火山岩油气藏具有低渗透等特点,发展了包括基于元素俘获测井ECS、成像测井、核磁测井技术的神经网络法、火山岩岩性-气水解释等测井技术。例如,徐深气田火山岩岩性测井解释符合率由原来的50%提高到89%,气层、水层测井解释符合率从55%提高到91%(齐井顺,2007;贾承造等,2008)。

第四节　测试改造,解放产能

油气测试与储层改造技术的发展与完善,极大地提高了勘探开发的整体效益。

渤海海域新近系浅层油藏构造复杂、河流相砂体连通性差、储层以疏松砂岩为主;油层能量弱,多为非自喷油层。1973年,曹妃甸11-1构造上钻探的海中1井解释油层近百米,由于当时的测试、防砂等技术不过关,在馆陶组只获得折算26.2t/d的工业油流,导致当时的决策失误,放弃了对该构造的进一步勘探,错失了发现大油田的机会(姜培海,2001)。

针对鄂尔多斯盆地大面积分布的中生界岩性油藏,研究形成了包括最优裂缝长度确定、压裂液体系和施工参数优化等为核心的低渗油层压裂改造技术,单井产量由勘探初期的普遍低于10t/d提高到20t/d以上(贾承造等,2008)。

针对徐深火山岩气藏埋深3500~4500m、高温140~180℃、岩性致密、低孔低渗、地应力差异小、储层巨厚(最大单层厚度168m)等难题,针对耐高温测试管柱、深井压裂管柱、新型高温压裂液、个性化压裂优化设计方法、测试压裂快速解释评价技术、压裂裂缝延伸控制技术等开展攻关,基本形成了深部火山岩复杂岩性储气层试气压裂增产改造技术,加砂量由30~40m^3提高到100m^3以上,压后单井产量由不足$10×10^4m^3$提高到超过$100×10^4m^3$(齐井顺,2007;贾承造等,2008)。

轮古奥陶系油田勘探过程中,通过更新酸化压裂设备,采用抗高温、高剪切的新型酸液体系,大大改善了酸压效果,造缝长度由原来的50~70m增加到100~150m,扩大了井底缝洞与邻近其他缝洞系统的沟通范围,实现了高产稳产,技术指标达到当时国际先进水平。酸压改造成为非均质性致密碳酸盐岩获得高产油气流的重要手段。2000年12月,轮古9井首次大型酸压获得成功,日产油达到227m^3(周新源等,2009)。

主要参考文献

陈安清,侯明才,陈洪德,等,2017.中国海相碳酸盐岩勘探领域拓展历程及沉积学的基本驱动作用[J].沉积学报,35(5):1054-1062.

陈建平,王绪龙,倪云燕,等,2019.准噶尔盆地南缘天然气成藏及勘探方向[J].地质学报,93(5):1002-1019.

陈磊,杨镱婷,汪飞,等,2020.准噶尔盆地勘探历程与启示[J].新疆石油地质,41(5):505-513.

陈晓艳,郝芳,邹华耀,等,2020.饶阳凹陷任丘潜山油藏油源对比及有效烃源岩成藏贡献[J].石油学报,41(1):59-67.

戴少武,贺自爱,王津义,2001.中国南方中、古生界油气勘探的思路[J].石油与天然气地质,22(3):195-202.

邓运华,2012.裂谷盆地油气运移"中转站"模式的实践效果——以渤海油区第三系为例[J].石油学报,33(1):18-26.

邓运华,王应斌,2012.黄河口凹陷浅层油气成藏模式的新认识及勘探效果[J].中国石油勘探(1):25-29.

丁晓琪,张哨楠,谢世文,等,2011.镇泾地区长8段致密低渗透油藏主控因素分析[J].西南石油大学学报(自然科学版),33(1):25-30.

杜金虎,何海清,皮学军,等,2011a.中国石油风险勘探的战略发现与成功做法[J].中国石油勘探(1):1-8.

杜金虎,胡素云,张义杰,等,2013.从典型实例感悟油气勘探[J].石油学报,34(5):809-819.

杜金虎,王招明,雷刚林,等,2011b.柯东1风险探井的突破及其战略意义[J].中国石油勘探,16(2):1-11.

杜金虎,杨涛,李欣,2016.中国石油天然气股份有限公司"十二五"油气勘探发现与"十三五"展望[J].中国石油勘探,21(2):1-15.

杜金虎,支东明,李建忠,等,2019.准噶尔盆地南缘高探1井重大发现及下组合勘探前景展望[J].石油勘探与开发,46(2):205-215.

樊泽忠,2007.梁家楼油田精细油藏描述研究[D].长沙:中南大学.

费宝生,汪建红,2005.中国海相油气田勘探实例(之三)渤海湾盆地任丘古潜山大油田的发现与勘探[J].海相油气地质,10(3):43-50.

冯志强,杨庆瑞,2009.科学勘探突出强调解放思想、求真务实的找油理念[J].中国石油勘探(5):1-18.

付金华,董国栋,周新平,等,2021a.鄂尔多斯盆地油气地质研究进展与勘探技术[J].中国石油勘探,26(3):19-40.

付金华,李士祥,刘显阳,2013.鄂尔多斯盆地石油勘探地质理论与实践[J].天然气地球科学,24(6):1091-1101.

付金华,刘显阳,李士祥,等,2021b.鄂尔多斯盆地三叠系延长组长7段页岩油勘探发现与资源潜力[J].中国石油勘探,26(5):1-11.

付锁堂,马达德,陈琰,等,2016.柴达木盆地油气勘探新进展[J].石油学报,37(增1):1-10.

付小东,张天付,吴健平,等,2021.二连盆地阿南凹陷白垩系腾格尔组致密油储层特征及主控因素[J].石油实验地质,43(1):64-76.

龚再升,2001.创新思维是油气勘探成功的源泉[J].中国海上油气(地质),15(1):1-2.

顾家裕,1996.塔里木盆地石炭系东河砂岩沉积环境分析及储层研究[J].地质学报,70(2):153-161.

郭彤楼,2020.普光、元坝、涪陵大气田发现中的唯物辩证思维与方法[J].成都理工大学学报(自然科学版),47(6):641-644.

郭彤楼,楼章华,马永生,2003.南方海相油气保存条件评价和勘探决策中应注意的几个问题[J].石油实验地质,25(1):3-9.

郭旭升,郭彤楼,黄仁春,等,2014.中国海相油气田勘探实例(之十六)四川盆地元坝大气田的发现与勘探[J].海相油气地质,19(4):57-64.

郭元岭,2010.油气勘探发展规律及战略研究方法[M].北京:石油工业出版社.

韩剑发,韩杰,江杰,等,2013.中国海相油气田勘探实例(之十五)塔里木盆地塔中北斜坡鹰山组凝析气田的发现与勘探[J].海相油气地质,18(3):70-78.

韩克猷,孙玮,2014.四川盆地海相大气田和气田群成藏条件[J].石油与天然气地质,35(1):1-9.

郝蜀民,2001.鄂尔多斯盆地油气勘探的回顾与思考[J].天然气工业,21(增):1-4.

何登发,贾承造,柳少波,等,2002.塔里木盆地轮南低凸起油气多期成藏动力学[J].科学通报,47(增):122-130.

何登发,李洪辉,1998.塔西南拗陷油气勘探历程与对策[J].勘探家,3(1):37-42.

何海清,支东明,雷德文,等,2019.准噶尔盆地南缘高泉背斜战略突破与下组合勘探领域评价[J].中国石油勘探,24(2):137-146.

何自新,郑聪斌,王彩丽,等,2005.中国海相油气田勘探实例(之二)鄂尔多斯盆地靖边气田的发现与勘探[J].海相油气地质,10(2):37-44.

侯凤香,刘井旺,李熹微,等,2017.冀中坳陷饶阳凹陷二次勘探实践[J].中国石油勘探,22(5):21-32.

胡东风,王良军,黄仁春,等,2021.四川盆地中国石化探区油气勘探历程与启示[J].新疆石油地质,42(3):283-290.

胡峰,2015.川东北地区飞仙关组构造演化与油气成藏关系研究[D].成都:西南石油大学.

胡罡,2004.川东北部罗家寨构造带飞仙关组储层评价[D].成都:成都理工大学.

胡剑风,郑多明,胡轩,等,2002.塔西南前陆盆地战略接替区天然气勘探的突破[J].中国石油勘探,7(1):74-78.

黄召庭,2011.东河塘石炭系CⅢ油藏开发效果评价及调整对策研究[D].成都:成都理工大学.

贾承造,赵政璋,杜金虎,等,2008.中国石油重点勘探领域——地质认识、核心技术、勘探成效及勘探方向[J].石油勘探与开发,35(4):385-396.

贾承造,周新源,王招明,等,2002.克拉2气田的发现及勘探技术[J].中国石油勘探,7(1):79-88.

江同文,徐朝晖,徐怀民,等,2017.塔中低凸起石炭系网毯式油气成藏体系结构及输导体系[J].石油科学通报,2(2):176-186.

姜培海,2001.渤海海域浅层油气勘探获得重大突破的思索[J].中国石油勘探,6(2):77-86.

姜振学,杨俊,庞雄奇,等,2008.塔中4油田石炭系各油组油气性质差异及成因机制[J].石油与天然气地质,29(2):159-166.

蒋和煦,2011.五百梯生物礁气藏精细描述[D].成都:成都理工大学.

金晓辉,闫相宾,李铁军,等,2008.塔里木盆地油气勘探实践与发现规律探讨[J].石油与天然气地质,29(1):45-52.

康玉柱,2005.中国海相油气田勘探实例(之四)塔里木盆地塔河油田的发现与勘探[J].海相油气地质,10(4):31-38.

匡立春,唐勇,雷德文,等,2014.准噶尔盆地玛湖凹陷斜坡区三叠系百口泉组扇控大面积岩性油藏勘探实践[J].中国石油勘探,19(6):14-23.

匡立春,王绪龙,张健,等,2012.准噶尔盆地南缘霍—玛—吐构造带构造建模与玛河气田的发现[J].天然气工业,32(2):11-16.

乐宏,赵路子,杨雨,等,2020.四川盆地寒武系沧浪铺组油气勘探重大发现及其启示[J].天然气工业,40(11):11-19.

黎玉战,徐传会,2004.塔里木盆地塔河油田发现历程及其意义[J].石油实验地质,26(2):18-24.

李大凯,2016.四川盆地典型碳酸盐岩气藏储量评价方法研究[D].成都:西南石油大学.

李锋,仝立华,单玄龙,等,2017.准噶尔盆地南部喀拉扎油砂成藏模式浅析[J].中国矿业,26(8):169-174.

李世臻,康志宏,邱海峻,等,2014.塔里木盆地西南坳陷油气成藏模式[J].中国地质,41(2):387-398.

李晓彤,2018.黄骅坳陷中、古生界潜山油气藏的差异成藏研究[D].青岛:中国石油大学

(华东).

李筱瑾,2000.梁家楼油田勘探历程[J].勘探家,5(2):50-53.

李一峰,李永会,高奇,等,2014.呼图壁储气库紫泥泉子组紫二砂层组储集层新认识[J].新疆石油地质,35(2):182-186.

李毓芳,吴金跃,赛德丁,2002.轻质原油的发现在新疆油气勘探中的作用[J].新疆地质,20(增):125-126.

栗宝鹍,董春梅,林承焰,等,2016.不同期次浊积扇体地震沉积学研究——以车西洼陷缓坡带车40-44块沙三上亚段为例[J].吉林大学学报(地球科学版),46(1):65-79.

梁狄刚,1998.塔里木盆地九年油气勘探历程与回顾[J].勘探家,3(4):59-65.

梁狄刚,1999a.塔里木盆地九年油气勘探历程与回顾(续)[J].勘探家,4(1):56-60.

梁狄刚,1999b.塔里木盆地九年油气勘探历程与回顾(续)[J].勘探家,4(2):53-56.

梁狄刚,1999c.塔里木盆地九年油气勘探历程与回顾(续)[J].勘探家,4(3):57-62.

梁狄刚,1999d.塔里木盆地九年油气勘探历程与回顾(续)[J].勘探家,4(4):61-64.

梁狄刚,2000.塔里木盆地九年油气勘探历程与回顾(续完)[J].勘探家,5(1):52-60.

梁狄刚,2008.塔里木盆地轮南—塔河奥陶系油田发现史的回顾与展望[J].石油学报,29(1):153-158.

梁顺军,梁霄,杨晓,等,2016.地震勘探技术发展在库车前陆盆地潜伏背斜气田群发现中的实践与意义[J].中国石油勘探,21(6):98-109.

梁兴,马力,吴少华,等,2001.南方海相油气勘探思路与选区评价建议[J].海相油气地质,6(3):1-16.

刘池洋,付锁堂,张道伟,等,2020.柴达木盆地巨型油气富集区的确定及勘探成效——改造型盆地原盆控源、改造控藏之范例[J].石油学报,41(12):1527-1537.

刘传虎,2011.关于"勘探无禁区"的诠释[J].中国石油勘探(1):50-59.

刘楼军,袁文贤,2002.塔里木盆地西南地区油气勘探回顾与展望[J].新疆地质,20(增):1-5.

龙国徽,王艳清,朱超,等,2021.柴达木盆地英雄岭构造带油气成藏条件与有利勘探区带[J].岩性油气藏,33(1):145-160.

龙伟,2017.松辽盆地徐家围子断陷构造特征研究:基于构造物理模拟分析[D].成都:成都理工大学.

吕雪莹,2019.黄骅坳陷中—古生界油气充注机理及成藏模式[D].青岛:中国石油大学(华东).

罗冰,周刚,罗文军,等,2015.川中古隆起下古生界—震旦系勘探发现与天然气富集规律[J].中国石油勘探,20(3):18-28.

罗志立,孙玮,代寒松,等,2012.四川盆地基准井勘探历程回顾及地质效果分析[J].天然气工业,32(4):9-12.

罗治形,许长福,帕丽达·吐尔孙,2010.独山子油田一些遗留历史问题的考证之一[J].新疆石油科技,20(3):61-63.

马达德,魏学斌,夏晓敏,2016.柴达木盆地英东油田的发现及勘探开发关键技术[J].石油学报,37(增1):11-21.

马新华,杨雨,文龙,等,2019a.四川盆地海相碳酸盐岩大中型气田分布规律及勘探方向[J].石油勘探与开发,46(1):1-13.

马新华,杨雨,张健,等,2019b.四川盆地二叠系火山碎屑岩气藏勘探重大发现及其启示[J].天然气工业,39(2):1-8.

马永生,2006.中国海相油气田勘探实例(之六)四川盆地普光大气田的发现与勘探[J].海相油气地质,11(2):35-40.

马永生,2007.四川盆地普光超大型气田的形成机制[J].石油学报,28(2):9-14.

马永生,蔡勋育,2006.四川盆地川东北区二叠系—三叠系天然气勘探成果与前景展望[J].石油与天然气地质,27(6):741-750.

马永生,蔡勋育,赵培荣,等,2010.四川盆地大中型天然气田分布特征与勘探方向[J].石油学报,31(3):347-354.

马永生,郭旭升,郭彤楼,等,2005.四川盆地普光大型气田的发现与勘探启示[J].地质论评,51(4):477-480.

牟雪江,桑圣江,宋鹏,等,2018."玛湖凹陷"腾"巨龙"——砾岩油区成藏理论和勘探技术创新助推玛湖凹陷大油气区发现[J].中国石油企业(Z1):49-58.

瑙暨,2011.坚持成就哈得逊的发现[J].中国石油石化(19):78.

彭文绪,孙和风,张如才,等,2009.渤海海域黄河口凹陷近源晚期优势成藏模式[J].石油与天然气地质,30(4):510-518.

漆立新,2014.塔里木盆地下古生界碳酸盐岩大油气田勘探实践与展望[J].石油与天然气地质,35(6):771-779.

齐井顺,2007.松辽盆地北部深层火山岩天然气勘探实践[J].石油与天然气地质,28(5):597-596.

钱基,2007.勘探成败之我见[J].石油与天然气地质,28(5):552-556.

秦光明,林伦,石卫,等,2015.柴达木油气勘探的辩证法[N].青海日报,10月5日(第一版).

邱荣华,付代国,万力,2007.泌阳凹陷南部陡坡带油气勘探实例分析[J].石油与天然气地质,28(5):605-609.

邱中建,康竹林,何文渊,2002.从近期发现的油气新领域展望中国油气勘探发展前景[J].石油学报,23(4):1-6.

曲炳昌,2012.塔里木盆地志留系层序地层与沉积相研究[D].成都:成都理工大学.

渠沛然,贾承造,2021.西气东输的"心脏"——克拉2气田发现始末[J].中国能源报(9):9.

冉隆辉,陈更生,徐仁芬,2005.中国海相油气田勘探实例(之一)四川盆地罗家寨大型气田的发现和探明[J].海相油气地质,10(1):43-47.

申银民,贾进华,齐英敏,等,2011.塔里木盆地上泥盆统—下石炭统东河砂岩沉积相与哈得逊油田的发现[J].古地理学报,13(3):279-286.

沈建林,季川新,2020.准噶尔盆地南缘油气发现简要历程[N].中科院地质地球所,6月26日.

沈平,徐人芬,党录瑞,等,2009.中国海相油气田勘探实例(之十一)四川盆地五百梯石炭系气田的勘探与发现[J].海相油气地质,14(2):71-78.

石文龙,张志强,彭文绪,等,2013.渤海西部沙垒田凸起东段构造演化特征与油气成藏[J].石油与天然气地质,34(2):242-247.

石杏茹,2018.玛湖大油区发现之旅[J].中国石油石化(4):18-23.

时晓章,任来义,曲风杰,等,2012.塔北地区三叠系沉积特征及油气勘探意义[J].世界地质,31(4):712-720.

司宝玲,2009.塔北隆起志留系柯坪塔格组沉积层序发育演化及有利区带预测[D].北京:中国地质大学(北京).

宋传春,陈昌学,冯光铭,1997.车西地区勘探历程与成果分析[J].勘探家,2(4):58-61.

孙龙德,江同文,徐汉林,等,2008.非稳态成藏理论探索与实践[J].海相油气地质,13(3):11-16.

孙玮,刘树根,宋金民,等,2017.叠合盆地古老深层碳酸盐岩油气成藏过程和特征——以四川叠合盆地震旦系灯影组为例[J].成都理工大学学报(自然科学版),44(3):257-285.

孙一芳,2017.塔里木盆地轮南及周缘地区三叠系油气成藏期次研究[D].青岛:中国石油大学(华东).

孙永河,杨文璐,赵荣,等,2012.渤南地区BZ28-2S/N油田油水分布主控因素[J].石油学报,33(5):790-797.

唐勇,郭文建,王霞田,等,2019.玛湖凹陷砾岩大油区勘探新突破及启示[J].新疆石油地质,40(2):127-137.

陶夏妍,王振宇,范鹏,等,2014.塔中地区良里塔格组台缘颗粒滩沉积特征及分布规律[J].沉积学报,32(2):354-364.

田军,王清华,杨海军,等,2021.塔里木盆地油气勘探历程与启示[J].新疆石油地质,42(3):272-282.

田军,杨海军,吴超,等,2020.博孜9井的发现与塔里木盆地超深层天然气勘探潜力[J].天然气工业,40(1):11-19.

王大锐,2019.为什么石油资源分布贫富会如此悬殊——访石油地质学家、西北大学地质系刘池阳教授[J].石油知识(6):6-7.

王锋,2007.塔里木盆地古生界碎屑岩地质转换系统与油气成藏规律[D].北京:中国地质大学(北京).

王琳霖,于冬冬,浮昀,等,2020.柴达木盆地西部构造演化与差异变形特征及对油田水分布的控制[J].石油实验地质,42(2):186-192.

王向辉,王风荣,2000.浅析渤海油气勘探中的成功与失误[J].中国海上油气(地质):14(6):432-437.

王心强,袁波,杨迪生,等,2018.准噶尔盆地南缘霍尔果斯背斜勘探潜力分析[J].新疆地质,36(4):484-489.

王应斌,薛永安,王广源,等,2015.渤海海域石臼坨凸起浅层油气成藏特征及勘探启示[J].中国海上油气,27(2):8-16.

王勇,2007.靖边气田沉积特征及其成藏规律[D].西安:西北大学.

王招明,谢会文,李勇,等,2013.库车前陆冲断带深层盐下大气田的勘探和发现[J].中国石油勘探,18(3):1-11.

王招明,杨海军,齐英敏,等,2014.塔里木盆地古城地区奥陶系天然气勘探重大突破及其启示[J].天然气工业,34(1):1-9.

魏国齐,李剑,杨威,等,2018."十一五"以来中国天然气重大地质理论进展与勘探新发现[J].天然气地球科学,29(12):1691-1705.

魏国齐,王俊鹏,曾联波,等,2020.克拉苏构造带盐下超深层储层的构造改造作用与油气勘探新发现[J].天然气工业,40(1):20-30.

魏学斌,沙威,沈晓双,等,2021.柴达木盆地油气勘探历程与启示[J].新疆石油地质,42(3):302-311.

吴晓智,王立宏,郭建刚,等,2006.准噶尔盆地南缘油气勘探难点与对策[J].中国石油勘探(5):1-6.

仵宗涛,王亚东,刘兴旺,等,2017.呼图壁凝析气田构造控藏过程讨论[J].地质找矿论丛,32(3):403-408.

席胜利,刘新社,孟培龙,2015.鄂尔多斯盆地大气区的勘探实践与前瞻[J].天然气工业,35(8):1-9.

肖晖,赵靖舟,王大兴,等,2013.鄂尔多斯盆地奥陶系原生天然气地球化学特征及其对靖边气田气源的意义[J].石油与天然气地质,34(5):601-609.

谢会文,能源,敬兵,等,2017.塔里木盆地寒武系—奥陶系白云岩潜山勘探新发现与勘探意义[J].中国石油勘探,22(3):1-11.

谢忠联,2005.论油气勘探新思维[J].江汉石油职工大学学报,18(4):21-23.

徐春春,李俊良,姚宴波,等,2006.中国海相油气田勘探实例(之八)四川盆地磨溪气田嘉二气藏的勘探与发现[J].海相油气地质,11(4):54-61.

徐汉林,江同文,顾乔元,等,2008.塔里木盆地哈得逊油田成藏研究探讨[J].西南石油大学学报(自然科学版),30(5):17-21.

许红,王修齐,张健,等,2016.四川盆地震旦系勘探突破与绵阳—长宁拉张槽的特征及对下扬子区的意义[J].海洋地质前沿,32(3):1-6.

薛永安,2021.渤海海域垦利6-1油田的发现与浅层勘探思路的重大转变[J].中国海上油气,33(2):1-12.

薛永安,李慧勇,许鹏,等,2021.渤海海域中生界覆盖型潜山成藏认识与渤中13-2大油田发现[J].中国海上油气,33(1):13-22.

薛永安,王德英,2020.渤海湾油型湖盆大型天然气藏形成条件与勘探方向[J].石油勘探与开发,47(2):260-271.

主要参考文献

薛永安,张新涛,牛成民,2019.辽西凸起南段斜坡带油气地质新认识与勘探突破[J].中国石油勘探,24(4):449-456.

闫百泉,孙扬,杨贵茹,等,2020.松辽盆地深层断陷分布特征及其控制因素[J].大庆石油地质与开发,39(1):1-9.

杨海风,牛成民,柳永军,等,2020.渤海垦利6-1新近系大型岩性油藏勘探发现与关键技术[J].中国石油勘探,25(3):24-32.

杨海风,徐长贵,牛成民,等,2020.渤海湾盆地黄河口凹陷新近系油气富集模式与成藏主控因素定量评价[J].石油与天然气地质,41(2):259-269.

杨海军,李勇,唐雁刚,等,2019.塔里木盆地克拉苏盐下深层大气田的发现[J].新疆石油地质,40(1):12-20.

杨华,2012.长庆油田油气勘探开发历程述略[J].西安石油大学学报(社会科学版),21(1):69-77.

杨华,2013.长庆油田勘探创新战略实践与思考[J].北京石油管理干部学院学报(3):4-8.

杨华,傅锁堂,马振芳,等,2001.快速高效发现苏里格大气田的成功经验[J].中国石油勘探,6(4):89-94.

杨华,席胜利,2002.长庆天然气勘探取得的突破[J].天然气工业,22(6):10-12.

杨克绳,2013.从任4井到牛东1井古潜山油气藏(田)的发现与勘探[J].断块油气田,20(5):577-579.

杨彦东,2019.轮南油田三叠系隐蔽油藏综合地质研究[J].特种油气藏,26(5):51-55.

易士威,李明鹏,范土芝,等,2021.塔里木盆地库车坳陷克拉苏和东秋断层上盘勘探突破方向[J].石油与天然气地质,42(2):309-324.

袁玉哲,罗家群,朱颜,等,2021.南襄盆地泌阳凹陷和南阳凹陷油气勘探历程与启示[J].新疆石油地质,42(3):364-373.

昝新,2008.泌阳凹陷南部陡坡带油气分布规律研究及勘探目标评价[D].北京:中国地质大学(北京).

翟晓先,2006.塔河大油田新领域的勘探实践[J].石油与天然气地质,27(6):761-761.

翟晓先,2011.塔里木盆地塔河特大型油气田勘探实践与认识[J].石油实验地质,33(4):323-331.

张才利,刘新社,杨亚娟,等,2021.鄂尔多斯盆地长庆油田油气勘探历程与启示[J].新疆石油地质,42(3):253-263.

张亘稼,惠荣,2017.塔里木盆地油气勘探工作"六上五下"的历程[J].西安石油大学学报(社会科学版),26(3):19-26.

张亘稼,李玉琪,张旋,2019.中国火山岩油气藏勘探历程简述[J].西安石油大学学报(社会科学版),28(1):67-72.

张国良,姚长华,张云慧,2000.从石臼坨凸起浅层油气的重大发现看渤东地区的勘探潜力[J].中国海上油气(地质),14(2):84-92.

张海祖,肖中尧,赵青,等,2018.库车坳陷克拉苏构造带天然气成藏特征及控制因素[C].

2018年全国天然气学术年会论文集(01地质勘探):677-686.

张抗,1999.塔河油田的发现及其地质意义[J].石油与天然气地质,20(2):120-124.

张抗,2003.塔河油田似层状储集体的发现及勘探方向[J].石油学报,24(5):4-6.

张仕强,吴月先,钟水清,等,2008.元坝气田勘探攻坚战阶段的战略研究[J].钻采工艺,31(4):74-77.

张水昌,朱光有,陈建平,等,2007.四川盆地川东北部飞仙关组高含硫化氢大型气田群气源探讨[J].科学通报,52(增刊I):86-94.

赵靖舟,田军,廖涛,等,2002.塔里木盆地哈得逊隆起的发现及其勘探意义[J].石油学报,23(1):27-30.

赵靖舟,张春林,曹青,等,2007.油气成藏地质学的内涵及其在石油地质学中的定位[J].石油与天然气地质,28(2):139-142.

赵路子,汪泽成,杨雨,等,2020.四川盆地蓬探1井灯影组灯二段油气勘探重大发现及意义[J].中国石油勘探,25(3):1-12.

赵文智,胡素云,郭绪杰,等,2019.油气勘探新理念及其在准噶尔盆地的实践成效[J].石油勘探与开发,46(5):811-819.

赵文智,徐春春,王铜山,等,2011.四川盆地龙岗和罗家寨—普光地区二、三叠系长兴—飞仙关组礁滩体天然气成藏对比研究与意义[J].科学通报,56(28-29):2404-2412.

赵文智,邹才能,汪泽成,等,2004.富油气凹陷"满凹含油"论——内涵与意义[J].石油勘探与开发,31(2):5-13.

赵泽辉,孙平,罗霞,等,2014.松辽断陷盆地火山岩大气田形成条件与勘探实践[J].现代地质,28(3):592-603.

赵政璋,杜金虎,邹才能,等,2011.大油气区地质勘探理论及意义[J].石油勘探与开发,38(5):513-522.

郑兴平,1997.四川盆地早期海相油气勘探历程及启示[J].海相油气地质,2(1):51-52.

周新源,王招明,杨海军,等,2006.中国海相油气田勘探实例(之五)塔中奥陶系大型凝析气田的勘探和发现[J].海相油气地质,11(1):45-51.

周新源,杨海军,蔡振忠,等,2007.中国海相油气田勘探实例(之十)塔里木盆地哈得逊海相砂岩油田的勘探与发现[J].海相油气地质,12(4):51-60.

周新源,杨海军,韩剑发,等,2009.中国海相油气田勘探实例(之十二)塔里木盆地轮南奥陶系油气田的勘探与发现[J].海相油气地质,14(4):67-77.

周新源,杨海军,胡剑风,等,2010.中国海相油气田勘探实例(之十三)塔里木盆地东河塘海相砂岩油田勘探与发现[J].海相油气地质,15(1):73-78.

周玉琦,2007.油气勘探的辩证思维和方法——从事油气勘探活动的心得体会[J].石油与天然气地质,28(5):545-551.

周玉琦,黎玉战,侯鸿斌,2001.塔里木盆地塔河油田的勘探实践与认识[J].石油实验地质,23(4):363-367.

邹志文,李辉,徐洋,等,2015.准噶尔盆地玛湖凹陷下三叠统百口泉组扇三角洲沉积特征[J].地质科技情报,34(2):20-26.